中国外来入侵物种防控案例

赵彩云　潘绪斌　郭朝丹 等/著

中国环境出版集团·北京

图书在版编目（CIP）数据

中国外来入侵物种防控案例/赵彩云等著.—北京：中国环境出版集团，2022.11

ISBN 978-7-5111-5121-6

Ⅰ.①中… Ⅱ.①赵… Ⅲ.①外来种－侵入种－防治－案例－中国 Ⅳ.①Q16

中国版本图书馆CIP数据核字（2022）第060687号

出 版 人 武德凯
策划编辑 王素娟
责任编辑 雷 杨
封面设计 宋 瑞

出版发行 中国环境出版集团（100062 北京市东城区广渠门内大街16号）
网 址：http://www.cesp.com.cn
电子邮箱：bjgl@cesp.com.cn
联系电话：010-67112765 编辑管理部
010-67162011 第四分社
发行热线：010-67125803 010-67113405（传真）
印 刷 北京中科印刷有限公司
经 销 各地新华书店
版 次 2022年11月第1版
印 次 2022年11月第1次印刷
开 本 787×960 1/16
印 张 10
字 数 160千字
定 价 68.00元

中国外来入侵物种防控案例
著作委员会

前　言

外来入侵物种是全球公认的导致生物多样性丧失的主要因素之一。外来入侵物种对岛屿物种和生态系统会造成毁灭性破坏，研究表明，75% 的陆地脊椎动物灭绝的原因，部分或者完全与外来入侵物种有关。《生物多样性公约》将外来入侵物种作为重要议题之一。

外来入侵物种与人类活动密切相关，全球经济贸易和世界经济的迅速发展促进了外来物种的扩散传播。在全球化的背景下，如何防止外来入侵物种在不同区域间的传播，如何有效控制外来物种对生物多样性的威胁，不同区域间如何联防联控，不同防控技术如何有效结合，这些问题的解决对外来物种管理和生物多样性保护尤为重要。

外来物种入侵最终导致的是生物多样性的减少，甚至导致全球生物多样性丧失、物种灭绝，这与生物多样性保护是相背离的，也与中国倡导的“美丽中国，创造美好生活环境”是不一致的。党的十八大以来，中国政府把生态文明建设提高到前所未有的高度，“绿水青山和金山银山”对中国发展同等重要。中国签署了《生物多样性公约》《拉姆萨尔公约》《技术贸易性壁垒协定》和《实施卫生与植物卫生措施协定》等，积极参与全球外来入侵物种管理。

中国是世界上遭受外来入侵物种影响最为严重的国家之一，目前已记录有 660 余种外来入侵物种，其中 100 多种已经对中国的环境、生产生活和人民健康造成了严重影响。中国非常重视外来入侵物种的管理工作，2014 年修订的《中华人民共和国环境保护法》（以下简称《环境保护法》）提及生态安全、生物多样性和外来物种。《环境保护法》规定，引进外来物种以及研究、开发和利用生物技术，应当采取必要措施，防止对我国生物多样性的破坏。《中华人民共和国生物安全法》已将防治外来物种入侵、保护生物安全性纳入。为了更好地管理外来入侵物种，生态环境部联合中国科学院发布了 4 批共 71 种对环境有重要影响的外来入侵物种。农业农村部、国家林业和草原局、原质检总局等部门发布了农业、林业、出入境检疫相关的外来入侵物种名单。

我国针对严重威胁环境和生产生活的外来入侵物种开展了大量的防控技术研发与探索，不断总结防控经验，积极推广示范良好的防控技术。我们通过与国内专家沟通，收集整理大量文献资料及各类素材，提炼并系统梳理中国对外来入侵物种的防控已取得良好效果的示范技术和成功模式，以案例形式编写了《中国外来入侵物种防控管理案例》，旨在分享中国在防控外来入侵物种方面取得的经验，为全球生物多样性保护与可持续利用贡献力量。

本书案例作者都是长期从事外来入侵物种研究的科研工作者，具有丰富的防控与管理经验。本书收录38个案例，分为外来入侵物种预先防范技术、外来入侵物种物理防控技术、外来入侵物种化学防控技术、外来入侵物种生物防控技术、外来入侵物种综合防控技术和外来入侵物种可持续防控技术6章，目前最成功也最广泛使用的防控技术为可持续防控技术。在外来入侵物种治理方面，将外来入侵物种防控与生物多样性保护相结合，从外来入侵物种控制与生境修复两个方面综合管理达到可持续控制的效果，将为中国乃至全球的外来入侵物种管理提供经验。

本书面向外来入侵物种防控的管理者、决策者和从业人员，也可为在生产生活中涉及外来入侵物种防控的企业、个人和机构提供参考。

本书编著过程中得到广东省科学院动物研究所、中国检验检疫科学研究院、华东师范大学、广西壮族自治区中国科学院广西植物研究所、中国科学院西双版纳热带植物园、中国科学院动物研究所、中国农业科学院植物保护研究所、中国农业科学院农业环境与可持续发展研究所、广东石油化工学院等单位老师的大力支持。生态环境部自然生态保护司在案例收集、整理和总结过程中也给予了宝贵意见，在此一并感谢。

著者

2021年于北京

目 录

第1章 外来入侵物种预先防范技术 /1

第2章 外来入侵物种物理防控技术 /21

第3章 外来入侵物种化学防控技术 /41

第1章

外来入侵物种预先防范技术

对外来物种入侵的预防比控制更为经济也更为有效。我国外来入侵物种中有50%以上都是有意引入，因此引种前预先评估环境风险为引种决策提供支撑是有效预防的措施之一。还有部分外来入侵物种随着商品、货物携带无意进入中国，当然外来入侵物种也可能随着中国货物出口被携带到别的国家，对于这些物种加强检验检疫力度可达到预防的目的。随着电子商务的迅猛发展，采取措施减少邮寄商品过程中可能存在的外来入侵物种是时代面临的新问题。我国在进出口、邮寄商品的检验检疫，以及外来入侵物种的风险预判和监测方面积累了一定的经验。

案例 1-1

对出口水果采取系统措施防范有害生物扩散

外来入侵物种的快速增加与国际贸易发展密切相关，随着全球经济一体化，国际贸易尤其是农产品等货物的流通进一步加强和扩大，方便并丰富了人类的生活。然而随着国际贸易发展，一些“偷渡”来的物种搭乘便利班车，不断地从一个国家扩散到另一个国家。如何防止其随着货物或商品进一步扩散，是每一个国家都面临的问题。

案例描述

系统措施（Systems approaches）是指实施两项或两项以上独立且不同的植物检疫措施以减轻有害生物随贸易传播的风险。这一概念于 2002 年首次被国际植物检疫标准采用（ISPM 14），该方法在农产品生产和供应环节安全有效地减轻了有害生物发生及传播风险，目前已应用于农产品国际贸易，特别是针对新鲜水果和蔬菜的市场准入。系统措施致力于采用不同管理和控制办法以减少有害生物与寄主植物的直接接触、减轻寄主植物受侵染程度、阻止寄主在收获后受到侵染、降低有害生物的定殖风险。

为保证我国柑橘类水果出口过程不携带已入侵我国的实蝇类外来入侵物种，中国检验检疫科学研究院植物检验与检疫研究所与美国北卡罗莱纳州立大学、广东省科学院动物研究所等单位在福建、湖南等柑橘类水果的主要产区针对实蝇类害虫的防控进行了如下工作。

（1）福建蜜柚（*Citrus maxima*）套袋。在蜜柚产业十分发达的福建省平和县，每家农户对低海拔的果园都进行了蜜柚套袋工作，套袋的主要目的是果实变色均匀，保证蜜柚的质量，同时也可对预防实蝇来袭起到有效的作用。笔者协同动植物卫生检验局（APHIS）的专家分别在平和县4个镇的8个套袋蜜柚果园和8个非套袋蜜柚果园（每个镇2个套袋果园和2个非套袋果园）现场检查果园中各诱集瓶和黄板上的实蝇数量及种类，以大致了解实蝇在套袋果园和非套袋果园的发生情况，分别在每个集团随机采摘380个蜜柚以统一标准进行表面检查和切果查验，观察并记录实蝇存在情况和取食痕迹。结果显示：在3 000个套袋蜜柚的表皮检查中发现9个疑似实蝇产卵孔，而在后期切果检查中未发现有实蝇存在和为害的痕迹；在3 040个非套袋蜜柚的表皮检查中发现222个疑似实蝇产卵孔，而后的切果检查在48个蜜柚中发现634个实蝇幼虫和4个蛹，分子鉴定结果显示均为橘小实蝇（*Bactrocera dorsalis*），另外还在81个蜜柚中发现了实蝇的卵和幼虫（图1-1-1）。依据统计分析结果，套袋蜜柚和非套袋蜜柚在表面实蝇产卵痕迹、实蝇存在数量上均存在显著差异，可见套袋方法对蜜柚中实蝇的防控起到了极为有效的作用。

图1-1-1　套袋蜜柚（何佳遥　供）

（2）湖南柑橘（*Citrus reticulata*）剔选。湖南省是我国柑橘的主产区之一，在湖南洞口县分别选取一个管理水平较低且有实蝇侵害的柑橘果园和另一个管理措施较为完善的柑橘果园，各随机采摘13 200个柑橘果实进行表面检查和人为筛选，根据果实表面的为害痕迹和产卵孔特征，将采集到的柑橘果实分为5组，分别为：受到柑橘大实蝇（*Bactrocera minax*）侵染的果实、受到橘小实蝇（*Bactrocera dorsalis*）侵染的果实、受到柑橘大实蝇和橘小实蝇共同侵染的果实、疑似受到实蝇侵染的果实和无实蝇侵染痕迹的果实。随后，这些柑橘果实被一一套袋贮存在15～20℃且通风的仓库内，放置4周后将袋子打开切果观察并记录实验结果。结果显示，低管理水平果园中发现了289个实蝇为害的果实，而管理措施较为完善的果园中仅有3个实蝇为害的果实，不同管理水平造成了实蝇在柑橘果园中侵染情况的显著差异。另外，在低水平管理果园被分为无实蝇侵染痕迹一组的12 669个果实中经切果检查有1.14%的果实受到实蝇侵染；而在高水平管理果园被分组为无实蝇侵染痕迹的13 063个果实中经切果检查仅有0.007 7%的果实受到实蝇侵染（图1-1-2）。在高低不同管理水平的果园，收获后的果实剔选分别达到了48%和62%的防范效率，也就是说收获后的果实剔选对于防范实蝇在柑橘果实中的危害达到了明显效果。

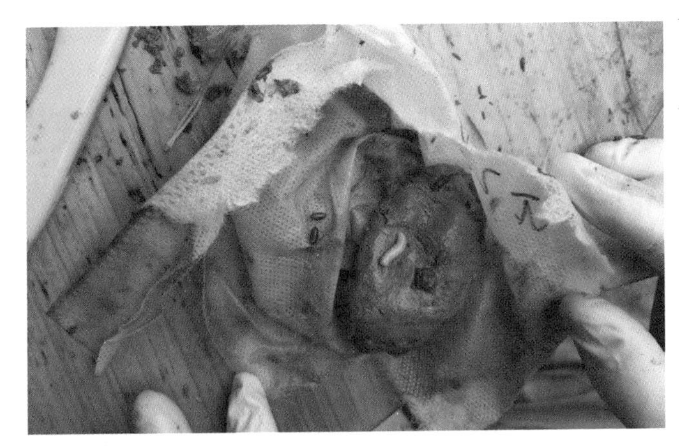

图1-1-2　柑橘实蝇感染剔选（何佳遥　供）

案例亮点

新鲜农产品的检疫措施需要灵活、高效，系统措施可应用于农产品生产链和供应链上的检疫，并可以有效解决农药和其他检疫处理措施带来的潜在危害。

适用范围

套袋与剔选方法适用于实蝇疫区的水果出口，防止实蝇类外来入侵物种随着水果扩散。

何佳遥　潘绪斌（作者单位：中国检验检疫科学研究院）
夏育陆（作者单位：美国北卡罗莱纳州立大学）
欧阳革成（作者单位：广东省科学院动物研究所）

案例 1-2

运用 MaxEnt 模型结合截获数据综合预判地中海实蝇入侵中国风险

外来有害生物的传入通常会造成国家较大的经济损失，且防治困难。提前预防是对外来入侵物种管理最经济有效的措施。因此，在外来入侵物种发生前，依据全球的气候数据、外来入侵物种的分布数据、截获数据、寄主和危害情况等信息，运用模型评估外来有害生物的入侵风险，采取有针对性的风险管理措施，从而有效遏制外来有害生物入侵可能带来的潜在风险，是外来入侵物种未定殖地区防控的关键技术。

案例描述

地中海实蝇（*Ceratitis capitata*）是一种常见的杂食性热带昆虫，起源于非洲，20 世纪已扩散到各大洲，可为害 200 多种水果和蔬菜。通常以成虫在果实上产卵，幼虫孵出后即在果实内取食，果实被害率高达 50% ～ 90%。其繁殖能力强，夏威夷每年可发生 11 ～ 13 代，罗马可发生 6 ～ 7 代。

地中海实蝇作为重要毁灭性的水果害虫，曾造成多个国家的重大经济损失，如 1970 年，地中海实蝇危害哥斯达黎加、尼加拉瓜和巴拿马等国的柑橘，造成 240 万美元的损失；1980—1982 年，美国加利福尼亚州为防治地中海实蝇花费了 1 亿美元；1990 年，智利为有效防控地中海实蝇，与秘鲁签订扑灭该虫的联合工作协议，每年花费 30 万美元。地中海实蝇还曾造成法国巴黎附近水果减收 50%，意大利撒丁岛上损失 80% 的桃，南斯拉夫水果损失 90%。地中海实蝇被南锥体区域植保委员会、欧洲和地中海植保组织、欧亚经济联盟、爱沙尼亚、安提瓜和巴布达、白俄罗斯、保加利亚、波兰、多米尼加、俄罗斯、菲律宾、格林纳达、古巴、韩国、吉尔吉斯斯坦、柬埔寨、捷克、克罗地亚、拉脱维亚、老挝、立陶宛、罗马尼亚、马达加斯加、马来西亚、马其顿、美国、摩尔多瓦、墨西哥、塞尔维亚、斯洛伐克、斯洛文尼亚、土耳其、乌拉圭、新加坡、匈牙利、叙利亚、也门、印度、印度尼西亚、越南、中国等国家和国际组织列为重点防控对象，是重要的检疫对象。

我国幅员辽阔，气候多样，与地中海实蝇在某些发生地的气候条件相类似，一旦传入，极易扩散，会直接影响我国水果生产、人民生活和对外贸易。因此，为了防控地中海实蝇入侵我国，我国检疫部门对此一直重点关注。1967 年，原农业部植物检疫实验所在其《植物检疫参考资料》里就记录了地中海实蝇的相关信息。1981 年，我国驻美国旧金山总领事馆电告美国地中海实蝇疫情，原农业部向国务院提交《关于严防地中海实蝇传入国内的紧急报告》。地中海实蝇作为小条实蝇属（*Ceratitis* Macleay）的一种被列入《中华人民共和国进境植物检疫性有害生物名录》。

目前地中海实蝇在我国尚未定殖，结合地中海实蝇在我国发生的可能性和可能造成的危害损失程度，从进入、定殖、扩散可能性及后果评估 4 个方面对地中海实蝇入侵我国进行风险评估，并制定针对性的检疫措施。第一，收集信息进行适生性分析。搜集分布数据［来源：GBIF（http://www.gbif.org）、CABI（http://www.cabi.org/cpc）和相关文章分布数据）和气候数据（来源：WorldClim（http://www.worldclim.org/）］，基于其在全球的分布数据和气候数据，利用 MaxEnt 模型预测其在全球和我国的适生范围；第二，进入风险评估。结合全球适生范围预测结果探讨该虫从陆上边境通过自然途径进入我国的可能性，结合地中海实蝇在我国适生范围以及截获情况［来源：动植物检验检疫信息资源共享服务平台（http://info.apqchina.org/）］，分析该虫通过贸易等人为途径进入我国的可能性；第三，定殖和扩散风险评估。统计地中海实蝇寄主情况，分析寄主在我国的种植范围，分析其定殖和扩散的可能性；第四，后果评估。结合地中海实蝇入侵其他国家造成的经济和环境影响，评估其潜在风险后果。

地中海实蝇主要在我国南部地区适生，全球范围内地中海实蝇在越南、老挝、缅甸、印度、不丹和尼泊尔等我国邻国多地适生；2003—2019 年，我国口岸每年均有截获地中海实蝇，17 年共截获 433 批次（图 1-2-1）。其主要寄主苹果、咖啡、榅桲和无花果在我国的适生区范围内种植面积及产量均较高。地中海实蝇曾在多个国家造成重大环境和经济影响。我国具备地中海实蝇进入、定殖的条件，且地中海实蝇在我国扩散风险高，易造成巨大的经济和环境影响。

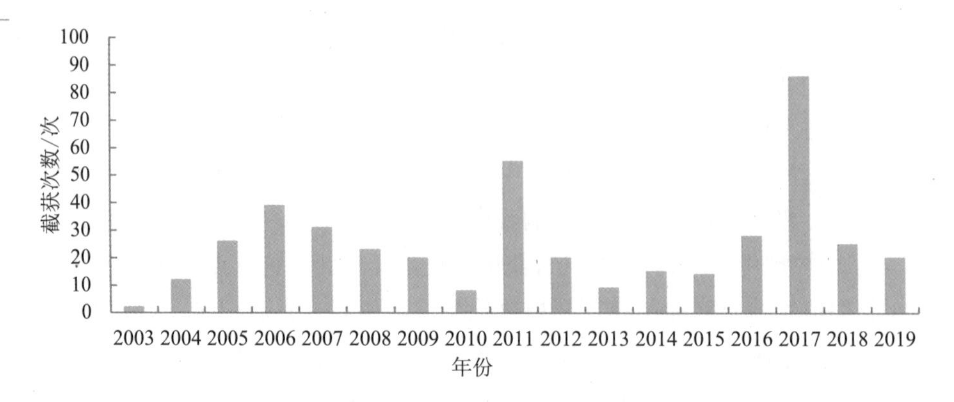

图 1-2-1　2003—2019 年我国口岸截获地中海实蝇次数（孙佩珊　供）

为了防止地中海实蝇进入，我国需进一步完善疫情监测体系，加强进境口岸管理力度，针对可能携带地中海实蝇的进境植物产品等执行严格的检疫管理措施。

案例亮点

（1）依据全球信息结合模型开展预警分析。为有效防控外来有害生物，对有害生物在全球范围内的发生及危害信息开展系统收集与整理，根据有害生物风险分析流程开展定性与定量风险分析，从而为决策部门提供科学合理的风险管理措施。

（2）系统预警技术。本案例提供的预警技术不仅局限于模型预测，同时考虑进入我国的通道、寄主植物的分布情况，系统分析预警地中海实蝇的入侵风险，可为我国提前应对提供数据支撑。

适用范围

该方法适用于外来有害生物风险预警。

孙佩珊　何佳遥　潘绪斌（作者单位：中国检验检疫科学研究院）

案例 1-3

满洲里海关采用“现场检验检疫 + 实验室检疫 + 熏蒸处理”技术阻截外来有害物种

外来入侵物种藏匿在木材、集装箱、苗木等货物或寄主中，随之扩散到世界各地。为更好地防止外来入侵物种扩散，每个国家不仅要防控本国已发现外来入侵物种向其他国家扩散，也要防止在其他国家定殖的外来入侵物种或外来物种进入本国。预防是最有效的控制措施之一，而海关是预防的主要关口。为保证对外贸易顺利运转以及降低货物携带外来入侵物种的风险，如何充分运用现代网络优势，提升检测和监测效率，并采取有效措施快速应对是海关目前面临的技术难题。

案例描述

俄罗斯一直是我国重要的木材进口国，截至 2018 年，我国进口木材总量的 31% 来自俄罗斯。满洲里是我国在俄罗斯进口木材量最大、最重要的陆运口岸，一直稳居我国陆运口岸木材进口量第一的位置。然而，木材进口的增加带来大量林木有害生物，给满洲里口岸植物检疫带来了前所未有的挑战。

历史数据统计显示，2008—2017 年，满洲里口岸进境木材截获有害生物数量由 2008 年的 66 种次上升至 2017 年的 7 248 种次。林木有害生物种类数量也由 2008 年的 18 种上升至 2017 年的 40 种。

满洲里口岸进境俄罗斯木材携带的有害生物种类多风险高，木材疫情防控形势十分严峻。2017 年，满洲里检验检疫局在进境俄罗斯木材中检出 1 种全国口岸首次截获的检疫性有害生物——菲利普木蠹象（*Pissodes piniphilus*）；2018 年在进境俄罗斯木材检疫中截获有害生物 8 种，并均为全国口岸首次检出——叉双尾吉丁、钻木树皮象、欧洲柯花天牛、黑翅柯花天牛、日本象天牛、淡色扁角树蜂、黑瘤扁喙长角象、阳侧方喙象；2017 年全国口岸首次截获有害生物 2 种——沙漠一角蚁形甲和十一片长蠹属；2018 年满洲里口岸首次截获有害生物 10 种——美国白蛾、青杨脊虎天牛、松木蠹象、柳毒蛾、黄毛树皮象、四点象天牛、泰加大树蜂、云杉花墨天牛、松六星吉丁和云杉四眼小蠹，其中检疫性有害生物 3 种（图 1-3-1）。

图 1-3-1 满洲里口岸进境木材携带林木有害生物（耿俊东 摄）

为保护中国森林资源安全，防止外来有害生物入侵带来损失，减少我国进口俄罗斯木材携带外来入侵物种的潜在风险，满洲里海关采用“现场检验检疫 + 实验室检疫 + 熏蒸处理”的木材监管模式严防外来有害生物入侵。具体方法如下。

（1）进境俄罗斯木材现场检验检疫

按照检疫要求对进境俄罗斯木材进行检疫，包括火车散装木材卸装前的表层检疫、中层检疫、下层检疫。木材运到堆场后的堆场检疫，集装箱运木材的定点库场开箱、拆箱后检疫。对发现疫情的木材实施检疫处理，并在重要木材进境站点、堆场实施林木害虫诱集监测（图 1-3-2）。

图 1-3-2 进境木材现场检疫（郑雨维 摄）

（2）进境木材截获有害生物的实验室检疫

为解决外来有害生物鉴定的问题，满洲里海关技术中心植物检疫实验室利用中国检验检疫科学研究院开发的“有害生物远程鉴定系统”，将现场检验检疫与实验室鉴定紧密结合：在现场采集过程中注重对外来有害生物的危害和生活史标本的收集、影像记录、整理和描述，积累林木外来有害生物鉴定经验，同时利用远程鉴定系统，实现系统内实验室与鉴定专家的资源共享，为现场检验检疫进一步提供指导，提高现场查验的准确性和有效性（图 1-3-3），提升检疫效率。

（3）进境俄罗斯木材熏蒸处理

满洲里口岸的俄罗斯木材（带皮原木占进境俄罗斯原木总量的 2/3）进境后的除害处理措施主要有两种：一是满洲里口岸建有木材加工区，在进境原木加工区内进行初加工或深加工达到除害目的，原木加工后的下脚料包括树皮等由满洲里海关负责监管，进行药剂除害处理或焚烧；二是进境原木在除害处理区内进行熏蒸处理。处理后的原木经检验检疫部门检查，确认达到除

菲利普木蠹象
（*Pissodes piniphilus*）

叉双尾吉丁
（*Dicerca furcata*）

欧洲柯花天牛
（*Cortodera colchica*）

黑瘤扁喙长角象
（*Platystoms sellatus*）

淡色扁角树峰
（*Tremex contractus*）

黑翅柯花天牛
（*Cortodera analis*）

图 1-3-3　全国口岸首次检出的部分有害生物（刘玮琦　摄）

害效果后再放行（图 1-3-4），熏蒸剂可以穿透到木材内部杀灭携带的有害生物，其中溴甲烷因其经济实惠、操作方便、杀虫广谱等特性广泛应用于各类商品货物的检疫处理中。满洲里口岸对进境俄罗斯的木材采用溴甲烷进行熏蒸处理。此外，抽检的进境俄罗斯锯材根据现场检验检疫指征判断是否进行熏蒸处理。

温度、投药剂量和熏蒸时间是影响熏蒸处理效果的最主要因素。实验结果表明，针对进境原木，当温度高于 15℃，溴甲烷投药剂量为 64 g/m³，熏蒸时间超过 16 h，均可以保证对蛀入深度 0 ～ 15 cm 林木害虫的熏蒸处理效果，杀灭效果可达 100%。

图 1-3-4　熏蒸处理投放药品及泄漏检测（王勇　摄）

案例亮点

（1）现场检疫与在线检测综合使用，提升检疫效率。外来有害生物检疫不仅需要丰富的现场经验还需要一定的专业知识，为解决物种鉴定难的问题，本案例使用现场检验检疫与实验室检疫相结合的方式，利用科技手段提高鉴定的准确度，利用在线鉴定提高检测的效率。

（2）及时处理有疫情的木材。对于发现问题的木材就地处理，对于进境的木材熏蒸处理，对加工后的下脚料进行药剂除害或焚烧处理，有效防止有害生物的进一步扩散。

适用范围

该案例使用的方法可用于国内外进境木材检验检疫。

刘玮琦　陈超（作者单位：满洲里海关技术中心）
潘绪斌（作者单位：中国检验检疫科学研究院）

案例 1-4

入境邮寄物对有害生物检疫监管有法可依

随着国际交往日益频繁以及跨境电商的蓬勃兴起，通过邮寄渠道寄递境外物品的情况呈上升趋势，同时入境邮寄物也成为有害生物进境入侵的传播渠道。许多国家通常根据自身的生物安全情况，对入境邮寄物实施严格的检疫措施，并制定相关的法律法规来规范检疫流程、方法及检疫对象等。但是入境邮寄物由于批次多、来源广，携带的潜在有害生物风险极高，如何在当前跨境电商飞速发展的背景下对我国的入境邮寄物有害生物识别防控，是入境邮寄物有害生物检疫监管的重点和难点。

案例描述

2008—2017 年，我国入境邮寄物检疫截获的有害生物和禁止携带物均呈上升趋势。这种趋势说明一方面邮寄物涉及的有害生物种类多、检疫难度加大、潜在风险较高；另一方面对监管模式、从业人员的配置及业务水平、相关机构的设置等均提出了更高的要求。

（1）从立法的角度规范对入境邮寄物有害生物的检疫监管。2015 年修订施行的《中华人民共和国邮政法》规定国际邮递物品未经海关查验放行，邮政企业不得寄递。国际邮袋出入境、开拆和封发，应由海关监管。邮政企业应当将作业时间事先通知海关，海关应当按时派员到场监管查验。《中华人民共和国邮政法实施细则》规定了国际邮递物品检疫具体操作方法。2018 年 8 月 31 日，我国正式出台《电子商务法》。这意味着我国的跨境电子商务行业进入了有法可依的时代。《中华人民共和国电子商务法》第七十一条规定国家促进跨境电子商务发展，建立健全适应跨境电子商务特点的海关、税收、进出境检验检疫、支付结算等管理制度。这也表明，未来通过邮递渠道从事跨境电子商务的行为将依法受到更加严格和规范的管理。

（2）建立相对完善的查验体系，在入境邮寄物检疫查验现场完善查验人员和相关查验仪器的配置。以上海海关为例，设有两个分支机构对上海口岸运输入境的邮寄物进行检验，其中上海海关驻邮局办事处负责对入境包裹、快件、印刷品、音像制品的实际监管，而上海浦东国际机场海关快件处则负责空运快递进出境的监管。在办事处进行检疫监管时通常采取“人—机—犬”一体化的查验模式。办事人员利用X光机、CT机、查验一体机等高科技执法设备，结合海关工作犬嗅闻识别对入境邮寄物进行多角度综合查验。具体来说，包裹的查验与分拣传输可同步完成，通过检疫工作人员对查验机器的扫描图像进行识别，可在短时间内对相关邮寄物实现“非侵入式检查”，即无拆箱查验（图1-4-1）。同时海关工作犬在工作人员指引下对邮寄物中的水果、肉类、种子等禁止入境物品进行查验（图1-4-2）。对有疑问的邮寄物，将进行人工拆封或转入通关等待申报环节。

图1-4-1　检疫工作人员利用查验一体机对邮寄物进行查验
（何佳遥　摄）

图1-4-2　海关工作犬在工作人员指引下对邮寄物进行查验
（何佳遥　摄）

案例亮点

（1）逐步健全法律法规体系，管理有法可依。对入境邮寄物携带有害生物的管控做到有法可依和严格执法，加大相关惩罚力度和提高违法成本，进而有效保障入境邮寄物携带有害生物的监管。

（2）监管体系日趋成熟。完善的检疫查验体系提高了查验的效率，更好地应对跨境电商稳步增长的背景下不断提高的入境邮寄物高效安全快速通关需求。

适用范围

随着跨境商品流通高速发展，在有限的口岸检疫力量下，邮寄物检疫需解决“检什么、检得准、检得快”的问题，总结查验中已有经验为进一步严防外来有害生物随入境邮寄物传入我国提供政策和理论依据。同时可用于加强社会宣传和公众教育，让全社会支持和配合海关工作的开展。

王聪　何佳遥　潘绪斌（作者单位：中国检验检疫科学研究院）

案例 1-5

基于无人机记录跨境入侵生物早期预警技术

我国已记录的外来入侵物种50%以上是外来入侵植物，调查外来入侵植物分布区域，尤其是识别早期种群是开展防控的关键环节。在生物入侵防控过程中，人力与经费的限制使入侵生物监测调查成为当前最薄弱的环节，有些区域如矿堆顶部、铁路沿线或湿地沼泽中央，存在着调查人员到达较困难、调查不安全或者时间与经费成本过高等问题。如何借用新技术实现对外来入侵植物的快速监测预警，尤其是难以到达区域的补充监测，是外来入侵植物早期预警过程中需要解决的难题。

案例描述

无人机（Unmanned aerial vehicle）因其操作简易、安全高效、成本可控，现已广泛应用于农业、林业、测绘、能源与公共安全等领域。特别是植保无人机能结合地面高精度图像分析，推动了农业生产的精准化，既可降低药肥消耗，又可减少环境污染。目前国内外已经实现了无人机在生物多样性监测调查中的应用，这将有助于提高监测调查的针对性和有效性，大幅提升跨境入侵生物的早期预警能力。本案例中无人机监测的技术流程如下。

（1）飞行规划。在无人机的使用过程中，首先明确要解决的问题，从而确定使用什么类型的无人机，并根据国家的相关规定做好无人机实名登记及其他要求的工作；之后，在做好前期资料收集整理的基础上，制订飞行计划。需要利用在线地图软件初步了解拟飞行区域地表情况，确定是否为禁飞区、限飞区，掌握拟飞行时间下该区域的天气预报信息，备足电池与存储卡。如需要提前做好航程规划，应根据图像分辨率要求确定飞行高度和航向、旁向重叠率，根据无人机相机视角与工作区域界限计算出拍照各点坐标（或者利用相关软件进行自动设计）。

（2）高空视图。开展入侵生物调查之前，一般需要提前熟悉拟调查区域，方便设计调查路线。可以使用在线地图软件查看该区域土地利用历史变化，不过 Google Earth 卫星图像常出现云层遮盖、时间不合适或者分辨率不够高［图 1-5-1（A）］等问题，这时就需要利用无人机开展高空摄影［图 1-5-1（B）］。这种方法也可用于生物入侵大尺度定界与高精度空间分布，从而更准确地确定入侵生物发生状态。

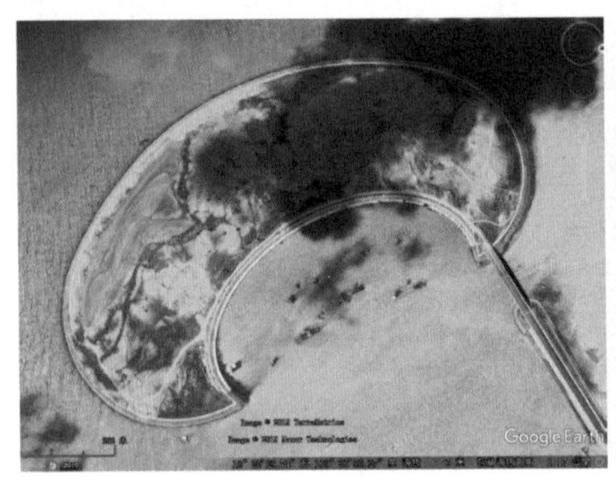

（A）

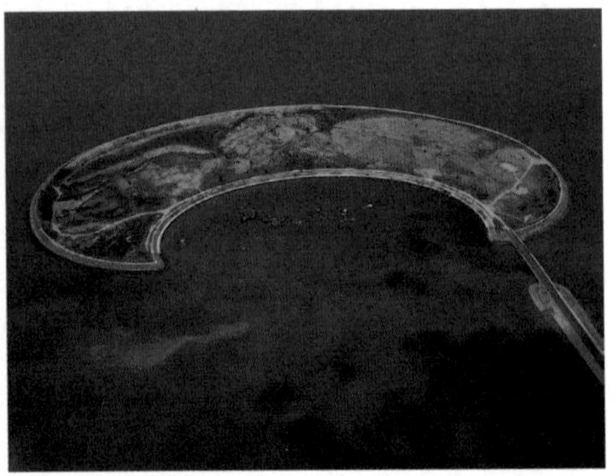

（B）

图 1-5-1　入侵生物调查高空视图（潘绪斌　供）

（3）低空拍照。此时利用无人机超低空或者近地面飞行，可解决上述问题，且图片分辨率可达毫米级以下，从而为入侵生物初筛提供可能。专家可根据图像识别疑似重要的入侵生物，安排采样后再利用传统形态分类或者分子鉴定手段进行鉴定。随着无人机搭载镜头的升级、入侵生物图库的不断

图 1-5-2　地表植物无人机拍照（苍耳属）（潘绪斌　供）

完善以及图像分类算法的性能不断提升，不远的将来我们就可以实现基于无人机超低空遥感的有害生物特别是外来入侵植物的实时监测（图1-5-2），为专家提供初筛结果，进一步提高监测效率。

案例亮点

（1）弥补人工普查中难以到达的区域。人工普查是常见的外来入侵植物监测方法之一，然而对湿地等危险、难以到达的地区监测非常困难，通过无人机高空定点和低空监测的技术可弥补人工普查遇到的困难。

（2）提高监测的效率。利用无人机遥感系统，结合专家鉴定技术和图像识别技术可大幅提高入侵植物的早期预警能力，提高入侵生物调查的针对性和有效性，完善生物入侵监测预警体系。

适用范围

应用无人机可以实现对港口、仓库、农产品集散地、运输线路、农田等区域开展低成本、大面积、高效率的杂草或有害生物寄主等监测。

潘绪斌　刘明迪（作者单位：中国检验检疫科学研究院）

第2章
外来入侵物种物理防控技术

采用人为措施、机械措施等物理措施抑制外来入侵物种繁殖，阻止种群扩散，是对环境和其他物种最为安全的防控技术之一，也是在生物多样性保护的重点区域推荐的主要措施。但人工防控需要花费大量的人力、物力，入侵物种很容易“死灰复燃”，且单一防控技术往往难以奏效。我国经过多年来不断探索，结合入侵生物的生物学特征、入侵生境的特征、入侵地的生物多样性保护需求以及入侵地本地物种干扰等，摸索出各种形式的综合物理防控技术，并取得了一定的效果，为全球外来入侵物种防控提供了技术支撑。

案例 2-1

广西北海滩涂采用“刈割 + 遮阴”技术控制互花米草

外来入侵物种互花米草对我国沿海滩涂生物多样性造成了不同程度的影响，各地摸索了不同的防控方案，用于减缓互花米草的危害。但是在互花米草防控过程中也发现了一些问题，如化学防控使用不当会对滨海滩涂湿地造成环境污染，物理防控中如单一刈割不仅费时费力，如果操作时间不合适反而会促进互花米草的生长。如何在防控过程中减少环境污染，降低对本地生物多样性的潜在威胁，如何针对滨海湿地不同区域的具体情况，进行有效防控，同时不影响沿海居民的生产生活，是对互花米草的控制面临的主要技术问题。

案例描述

广西北海市 1980 年引入互花米草（*Spartina alterniflora*），引种后快速扩张，与沿海红树林抢夺生态空间，尤其对稀疏红树林及红树林幼苗影响明显。互花米草侵占之处，红树林气生根生长受限，红树林冠幅及扩张被抑制，严重者甚至被互花米草“绞杀”。本案例在广西北海铁山港西岸营盘镇青山头海滩，滩涂地势平坦，生长着大片的互花米草，还有少量结缕草和秋茄，周围没有入侵的区域多为光滩，互花米草入侵区域已经由沙滩变成泥滩，大型底栖动物变成以中国绿螂（*Glaucomya chinensis*）为优势的群落。由于互花米草的疯长，当地居民挖沙虫活动也受到影响。

为了保护当地物种，恢复沙滩生境，中国环境科学研究院研究团队在生态环境部项目经费的支持下，联合北海市生态环境局，在此地采用“刈割 + 遮阴”的方式控制互花米草，具体措施如下。

选择在互花米草开花前进行人工刈割（图 2-1-1），刈割留茬小于 5 cm，

图 2-1-1　广西北海互花米草防控前（赵彩云　摄）

将刈割后的互花米草植株清除到海滩旁的岸上，再用单层遮阴网进行贴地覆盖，将遮阴网四角系在高 50 cm 的竹竿中部，拉紧遮阴网后把竹竿插入沙滩 30 cm 进行固定，贴地覆盖后遮光率为 83.33% ～ 91.96%，较大限度降低了互花米草的光合作用，同时由于遮阴网透水性较强，能有效减少涨潮时的海水浮力，贴地覆盖可有效减少台风的破坏。遮阴网具有透气性，因此在覆盖防控互花米草时不会对滩涂生物造成影响，同时在实施过程中遇到本地植物时需将遮阴网割破保证本地植物正常生长。根据实施的方便性，本方案中的人工刈割也可以用机器替代。

采取“刈割 + 遮阴”防控措施后，6 个月内地上部分的互花米草完全死亡，继续遮阴控制 3 个月后，地下根系也得到有效控制。两年后再未见互花米草斑块的生长，互花米草入侵后导致的淤泥质沙滩逐渐恢复成沙质沙滩，当地渔民开始在恢复的海滩进行挖沙虫活动（图 2-1-2）。

案例亮点

（1）环境友好型综合物理防控方法。刈割去除互花米草地上生物量，遮

图 2-1-2　控制两年后的情景（赵彩云　摄）

阴控制可有效阻断其光合作用，同时选择在开花前期刈割，地下生物量已充分被地上生长利用，地上生物量通过刈割去除后再进一步通过遮阴控制，可有效控制互花米草的生长。

（2）防控方法简单易行。“刈割 + 遮阴”的方法简单易行，容易操作，有利于当地生物的保护，且没有环境污染，便于推广。

（3）可作为生态修复的前期技术。本案例中的防控技术可与滨海湿地的红树林修复项目相结合，为互花米草控制和生态修复提供思路。

适用范围

国内外滨海光滩生长互花米草的区域，尤其是适用于互花米草入侵的零星斑块；也可作为本地植物修复的前期处理技术，为本地植物提供生存空间。

赵彩云（作者单位：中国环境科学研究院）

案例 2-2

崇明东滩鸟类国家级自然保护区互花米草综合物理防控技术

我国沿海滩涂生境多样，有的生境是鸟类栖息乐园，滩涂丰富的底栖生物给鸟类提供了食物，然而互花米草的入侵，改变了当地底栖生物的物种组成，茂盛的互花米草群落不适合鸟类的栖息，导致鸟类种群下降。在作为鸟类保护地的滨海湿地，如何控制互花米草入侵与鸟类栖息地重建，是滨海湿地鸟类生物多样性保护中需要解决的问题。

案例描述

案例实施区域位于上海市崇明东滩鸟类国家级自然保护区，保护区南起奚家港，北至北八滧港，西以 1968 年建成的围堤为界线，东至吴淞，以标高线 0 m 外侧 3 000 m 水线为界，圆形航道线内属于崇明岛的水域、陆地和滩涂。保护区主要由团结沙外滩、东旺沙外滩、北八滧外滩、潮间带滩涂湿地和河口水域组成，1998 年经上海市人民政府批准建立。保护区划分为核心区、缓冲区和实验区，其中核心区为 165.92 km^2，缓冲区为 10.7 km^2，实验区为 64.93 km^2。在长江泥沙的淤积作用下，形成了大片淡水到微咸水的沼泽地、潮沟和潮间带滩涂。保护区内有众多的农田、鱼塘、蟹塘和芦苇塘，沼生植被繁茂，底栖动物丰富，保护区内鸟类 116 种，占我国鸟类总数的 1/10，国家二级保护动物小天鹅（*Cygnus columbianus*）在东滩越冬数量曾高达 3 000 ～ 3 500 只。保护区是亚太地区春秋季节候鸟迁徙极好的停歇地和驿站，也是候鸟的重要越冬地，是世界为数不多的野生鸟类集居、栖息地之一。

20 世纪 90 年代中期，互花米草作为保滩护岸的工程植物被引入崇明东滩。互花米草入侵该地区后快速扩张，侵占了本土物种海三棱藨草（× *Bolboschoenoplectus mariqueter*）、芦苇（*Phragmites australis*）的生境，东滩 241.55 km^2 的光滩和水草带上，互花米草扩张至 24 km^2，鸟类优良的栖息地在不断减少。互花米草的入侵改变了当地生态系统群落结构，尤其是大面积海三棱藨草被互花米草替代，前者的球茎和种子是雁鸭类候鸟，尤其是小天鹅、白头鹤等的食物，其分布的变化影响了这些鸟类的生存，并且改变了潮沟生境，影响底栖动物的分布从而影响鸟类觅食和休憩，因此互花米草的入侵严重影响了崇明东滩的保护价值和区域生态安全（图 2-2-1）。

图 2-2-1　崇明东滩自然保护区互花米草（赵彩云　摄）

为了尽快控制住互花米草的扩张，改善入侵地的生态系统质量，稳定鸟类的栖息环境，自 2004 年起，复旦大学、华东师范大学等高校的生态专家和崇明东滩鸟类国家级自然保护区的科技人员，联手成立专项课题组，开始探索治理互花米草、修复湿地的方案。2005 年，上海市科学技术委员会（以下简称上海市科委）又立项开展“崇明东滩国际重要湿地的监测、维持和修复技术”的项目研究与示范。科研人员经过反复试验，摸索出了一套既符合湿地保护要求又行之有效的“组合拳”，采取“围、割、淹、晒、种、调”的互花米草综合治理技术，对科普教育基地周边分布的互花米草进行生态治理。

具体做法是第一步围堰，将互花米草群落用围堰包围起来，水淹至 40 cm 以上，其主要目的在于阻断互花米草继续向外扩张，同时形成可控制调节的围合区域，对围堰内蓄水、盐度调节管理等创造条件。此外，对鸟类栖息地优化水位调控管理创造了相对封闭的条件（图 2-2-2）。第二步刈割，选择在互花米草扬花期对互花米草地上部分进行刈割，目的是清除互花米草植株的地上部分，为持续水淹、灭除互花米草创造条件。第三步淹水，将围堰区域进行水淹，目的在于使互花米草无法进行气体交换，致其窒息死亡，同时还可以调节水分盐度。第四步晒地，对处理区域进行充分曝晒，目的在于改善长时间浸泡土壤的通气状况和水分条件，适合于底栖动物种群数量的增加，同时也有利于芦苇及其他土著植物的生长与定殖。第五步定殖，种上一定密度的土著植物，如芦苇，目的在于加速芦苇种群的恢复，抑制互花米草的重新入侵，并构建适宜鸟类栖息的隐蔽环境。第六步调水，调节水分、盐度和水位，使其更利于植物的生长，使控制区内形成有利于鸟类栖息、觅食的湿地生境，最终将其修复为适宜各种鸟类栖息的滩涂湿地（图 2-2-3）。

图 2-2-2　崇明东滩互花米草控制恢复区域（赵彩云　摄）

经过 10 年“战争”，依托不断摸索总结的综合治理技术体系，如今，在 5 万 m^2 的受损滩涂湿地生态修复示范样地上，互花米草终于不见踪影，保护区内鸟类种群数量逐步回升。观测结果显示，生态修复区内外鸟类种群数量

图 2-2-3　崇明东滩互花米草控制区鸟类种群的恢复（赵彩云　摄）

均明显增加，其中修复区内观测到的鸟类数量达到 83 149 只次，较 2016 年翻了两番，种类多达 72 种，其中有东方白鹳（*Ciconia boyciana*）、白头鹤（*Grus monacha*）、小天鹅（*Cygnus columbianus*）、黑脸琵鹭（*Platalea minor*）等 23 种国家珍稀保护鸟类回归东滩越冬栖息。生态修复区外侧滩涂发育良好，土著植物恢复远远好于预期，修复区内外呈现出苇荡摇曳、水清鱼跃、万鸟齐飞的自然美景。在未来数年内，东滩保护区所开展的互花米草生态治理工程有望彻底控制互花米草的扩张，“崇明之肾”将重获健康。

案例亮点

（1）生物多样性友好型防控技术。该案例采用互花米草物理防控、生态恢复和鸟类栖息地保护的综合控制理念，将鸟类多样性的保护与入侵物种控制相结合，确定防控目标，采用综合物理防控技术，有助于生物多样性的保护。

（2）将科研结果与实践应用相结合。该案例将区域的生物多样性保护、外来入侵物种防控需求与科研单位的研究成果相结合，确保了外来入侵物种得到有效控制，鸟类栖息地逐步恢复，实现了生物多样性友好型的互花米草防控。

适用范围

国内外滨海湿地需要控制互花米草，恢复鸟类栖息地的区域。该案例适宜于围堰控制互花米草的沿海滩涂地区及具有鸟类生物多样性保护诉求的互花米草入侵区域。

赵彩云（作者单位：中国环境科学研究院）

案例 2-3

福建省利用机械法治理凤眼莲

控制大面积分布的水生外来入侵植物，同时要避免控制措施对水环境的污染，常用的控制措施就是物理防控和生物防控。生物防控一般是从原产地引进天敌进行防控，引入不当容易造成二次入侵风险；人工打捞虽然对环境友好，然而费时费力，效率不高。如何提高防控效率同时减少对水生生物多样性的危害是管理大面积外来入侵植物面临的问题。

案例描述

凤眼莲（*Eichhornia crassipes*）隶属雨久花科凤眼蓝属，又称水葫芦。原产巴西，由于其花非常漂亮，被世界各国纷纷引种，后被列入世界百大外来入侵物种之一。1901 年作为花卉引入我国，20 世纪 50 年代作为饲料引入我国内地各省（区、市），现广布于我国长江、黄河流域及华南等 19 个省份。凤眼莲入侵后形成单一群落，可覆盖入侵水面，导致水生生物死亡或灭绝，例如，昆明滇池的海菜花由于凤眼莲的入侵而灭绝。

案例实施地位于福州水口水库（26°18′7″ ～ 26°38′25″N，118°10′44″ ～ 118°48′48″E），库区跨越闽清县，宁德古田县、尤溪县和南平市延平区。水口水库为河道型水库，1996 年 11 月竣工，总库容为 26×10^{8} m^{3}，库区主河道长 94 km，面积约 99.6 km^{2}，水库最大坝高 101 m，坝顶高程 74 m，是目前我国东南地区最大的水力发电站。自 2002 年起，闽江上游出现少雨干旱、气温偏高的气候现象，上游来水量减少，汛期水口大坝也基本没有开闸泄洪，因此绝大部分库区上游漂流而下的凤眼莲被拦截在库内滋生蔓延，且水口库区的水流缓慢，给凤眼莲提供了快速生长的环境。2004 年 7 月 7 日，处于闽江中游水口库区上方的雄江镇，水口库区水面几乎被凤眼莲全面覆盖（图 2-3-1），给当地水产养殖、水上交通、水源水质造成了严重危害。

图 2-3-1　凤眼莲覆盖水面影响生物多样性（刘全儒　摄）

福建省 25% 的淡水水域已被凤眼莲侵占，全省受灾面积高达 45 万亩（$1hm^2=15$ 亩）。福建省专门成立了凤眼莲专项整治办公室，各市区组织人员开展整治工作。水口库区是凤眼莲入侵的重灾区，为尽快防控凤眼莲，该区利用机械法清理凤眼莲，总结出一套行之有效的机械控制技术。具体如下。

使用上海电气集团生产的“GC2230 型河道割草船”将凤眼莲打捞并送到岸边，主要通过履带在水面来回拖动，割刀将凤眼莲切割后通过传送带，传送到岸边的运载车上。河道割草船效率较高，每台可对 4 267 m^2 密生凤眼莲的水域进行打捞送岸作业；对散生凤眼莲，按收集宽度 2.23 m，作业速度 2 ～ 3 km/h，每小时可清扫水面 0.446 ～ 0.669 hm^2，比人工打捞效率高 50 ～ 70 倍。水口库区同时投入打捞凤眼莲的大型机械还有 20 多台，其中有省围垦工程处专业工程队经改造过的挖掘机 9 台，每台每天可清除凤眼莲 7 000 m^2。打捞后运输到岸上的凤眼莲利用小型凤眼莲粉碎机进行粉碎或进行二次利用，防止散落的凤眼莲植株残体再次进入水库。

经采取专业机械化整治和业主分散整治相结合的集中整治办法，短期内歼灭了 2 000 多 hm^2 凤眼莲，使长达 94 km 的主航道上集中连片的凤眼莲基本清理完毕。水口库区短期内基本消灭凤眼莲，效果显著。

案例亮点

（1）见效快、成本低。使用机械法清除凤眼莲与化学法、生物法相比具有短期见效快的特点，与人工打捞相比还具有劳动强度低、生产效率高的特点，同时机械的使用降低了打捞成本。

（2）操作简单、对环境友好。使用机械操作安全便捷，不会引起二次污染，清理的残渣可供利用。

适用范围

国内外水域需要在短期内对大面积凤眼莲打歼灭战的场合。该案例适宜于机械操作的水域及具有水生生物多样性保护诉求和水质恢复需求的凤眼莲入侵区域。

郭朝丹　柳晓燕（作者单位：中国环境科学研究院）

案例 2–4

甘肃省临泽县采用“物理 + 农业”措施综合防治苹果蠹蛾

水果虫害一直是困扰果农的问题之一，致使树势衰弱，生产率降低。治理虫害还花费大量资金，造成巨大的经济损失，有的甚至会毁园。现今防治果园害虫的方法仍以喷施化学农药为主，长此以往不但会引起害虫的再猖獗，还会污染环境，也会威胁人类健康。随着社会经济的发展，人们对农产品的安全生产要求越来越严格，消费者对有机模式生产出来的高品质农产品认可度越来越高，市场需求也越来越大，迫切要求果农应用生态防控措施来治理虫害。有机水果在我国发展相对缓慢，包括病虫害防控在内的各方面生产技术研究还比较落后，如何在保证产量的同时保证水果的品质，又不会对环境造成污染，是果农们在防治虫害时需要解决的技术难题。

案例描述

苹果蠹蛾（*Cydia pomonella*）是严重危害苹果、梨、桃、杏等树木的检疫性外来入侵害虫。2004 年 4 月在甘肃省国营临泽农场首次发现苹果蠹蛾成虫，2005 年对全县果树进行拉网式普查发现全县苹果蠹蛾疫情发生面积 2 383.3 hm^2，果树平均被害率达 43.84%，平均蛀果率达 5.59%，造成全县苹果、梨等减产 3 575 t，经济损失 246.7 万元（图 2-4-1 和图 2-4-2）。

疫情发生后，临泽县政府高度重视，积极采取一系列防控措施，首先调查和监测疫情，根据苹果蠹蛾疫情发生情况，在全县分区域设立疫情监测点，固定专人严密监测苹果蠹蛾疫情的发生及扩散蔓延动态，实施综合防控措施。

为了避免对环境造成污染，采取以物理防治和农业防治为主，辅以低毒、高效的化学农药帮助杀灭。临泽县通过先设立苹果蠹蛾综合防治示范点，摸索出具体防治方法，然后再大范围推广，达到防控目的。具体的防控措施如下。

图 2-4-1　苹果蠹蛾危害状（张润志　摄）

图 2-4-2　苹果蠹蛾危害苹果（张润志　摄）

（1）加强果园管理，实施农业防治技术，控制越冬幼虫数量。采取措施随时清除一切可能成为苹果蠹蛾越冬场所的设施。在冬季果树休眠期及春季发芽之前，刮除果树主干及分杈上的粗皮、翘皮，消灭其中的越冬幼虫；在6月上、中旬和8月上、中旬，用胡麻草、麻袋、旧衣服或粗麻布绑缚果树所有主干部分及主枝分杈处诱集幼虫；当年11月至次年2月底之前，取下绑缚材料集中烧毁，降低苹果蠹蛾幼虫越冬基数。

（2）采用诱杀法控制成虫、幼虫和蛹的数量。根据蛾类趋光性的特征，采用频振式杀虫灯诱杀成虫。挂灯时间为4月上旬至9月下旬，按1～1.3hm^{2}设置1盏杀虫灯，安放位置应高出果树的树冠。在繁殖季节采用性诱捕器进行苹果蠹蛾防治，即用薄塑料制成25 cm×22 cm×19 cm 的三角形黏胶诱捕器，底部涂黏虫胶，诱芯高距胶面 1.5 cm。诱捕器从发现蛹开始悬挂在树冠外围的侧枝上，高距地面 1.5 m，间距 20 ～ 30 m，每月更换 1 次诱芯，每 1 hm^2 挂 1 个诱捕器。还可以涂黏虫胶黏杀幼虫。4 月中旬、6 月下旬、8 月上旬在果树分枝基部或主杆上部距地面 20 cm 处涂抹黏虫胶黏杀幼虫。

临泽县采用“物理 + 农业”措施综合防治苹果蠹蛾，经过 5 年的综合防治，截至 2010 年，全县苹果平均被害率下降到 5.9%，平均蛀果率下降到 0.21%，有效地控制了苹果蠹蛾疫情。

案例亮点

（1）结合农业措施有效防除越冬幼虫。本案例结合有效的农业措施，通过控制苹果蠹蛾幼虫栖息场所减少越冬幼虫种群。

（2）采用以环境安全的物理防控为主的控制措施。物理农业防治为主的综合防控措施，减少了对环境的污染，提高了水果的品质，最大限度地降低了经济损失。

（3）设立苹果蠹蛾综合防治示范点，发挥示范带头作用，为全面控制扑灭疫情提供科学依据和现实参考，节约治理的成本，减少治理人力、财力的损耗。

适用范围

苹果蠹蛾的生长发育受气候因子的影响较大，不同地区苹果蠹蛾的发生规律略有差异。该案例适宜于气候较干旱、降雨少、多风区域的苹果、梨、桃子等果园农场。

赵云峰　赵彩云（作者单位：中国环境科学研究院）

案例 2-5

江苏省盐城市利用物理防控 + 麋鹿活动控制互花米草

外来入侵物种常常会威胁本地物种多样性，表现为直接与本地物种竞争，通过改变栖息地环境、食物来源等影响本地动物的取食行为。而本地物种的活动在一定程度上也会干扰或影响外来入侵物种种群。如何在外来入侵物种控制中充分利用本地动物的活动干扰，如何将入侵物种控制与本地动物保护相结合，中国环境科学研究院工作人员在江苏盐城大丰麋鹿国家级自然保护区找到了一种利用本地物种控制外来入侵物种的方法。

案例描述

大丰麋鹿国家级自然保护区位于江苏省大丰区东南角林场内，地理坐标为北纬 32°56′ ～ 33°36′、东经 120°42′ ～ 120°51′，俗称鸭儿荡，占地 1.5 万亩，区内分布着林地、草荒地、沼泽地和自然水面。江苏大丰麋鹿国家级自然保护区是世界占地面积最大的麋鹿自然保护区，拥有世界最大的野生麋鹿种群，建立了世界最大的麋鹿基因库。1986 年，依托从英国引进的 39 头麋鹿，经过两年的“引种扩群”和 10 年的“行为再塑”两个阶段后，保护区从 1998 年开始着手实施拯救工程的第三个阶段“野生放归”。10 年内 4 次放归 53 头麋鹿，经过 10 年艰辛探索，野生麋鹿每年递增 13.2%。截至 2013 年 9 月大丰麋鹿总数达到 2 027 头。

1988 年江苏省东台河入海口两侧滩涂引种互花米草，到 2008 年互花米草几乎覆盖了江苏省大丰区的沿海滩涂。在互花米草引入之前，盐城滨海湿地植被从海域到陆地的演替次序为海岸盐沼先锋植物群落碱蓬，海岸潮上带及堤内滩地獐茅或白茅。随着互花米草的入侵，海堤近处还有芦苇、碱蓬和莎草都伴生着互花米草。随着互花米草密度增加，互花米草已经取代了碱蓬在盐城滨海滩涂上先锋植物群落的地位并迅速扩散，在引种地逐渐形成了单一的优势植被群落（图 2-5-1）。

图 2-5-1　盐城互花米草生长状况（赵彩云　摄）

为了控制互花米草，中国环境科学研究院科研人员在大丰麋鹿自然保护区尝试了不同的防控方案，研究发现，在江苏省盐城市大丰港实施刈割 + 秸秆覆盖、利用麋鹿的活动可达到抑制互花米草的效果。且对样方周围一定范围内互花米草的生长也有显著的抑制效果。具体操作如下。

对选定区域的互花米草实施刈割，将刈割后的互花米草覆盖在样方上（图 2-5-2），观察麋鹿蹄印数量以及互花米草的生长特征。调查发现，实施刈割 + 秸秆覆盖样地 3 个月后，样方内几乎看不见互花米草，并且样方内及其四周地面麋鹿蹄印明显（图 2-5-3），样方外 1 m 内东南西北四个方向的互花米草的高度、密度、基径和麋鹿蹄印密度都没有明显差异，同时也发现周围互花米草没有刈割的区域基本上没有麋鹿活动。野外观察试验也发现控制区域内麋鹿蹄印越多，互花米草地上部分的密度和株高越小，由此可知，麋鹿的干扰能够抑制互花米草的高度和密度。

因此，从目前的结果来看，在大丰港试验区域实施刈割 + 秸秆覆盖，能有效利用麋鹿的干扰达到初步抑制互花米草的效果，并且该方案不仅抑制了试验区域内互花米草的生长，对试验区域周围一定范围内互花米草的生长也有显著的抑制效果。

图 2-5-2　刈割 + 秸秆覆盖实施情况（李飞飞　摄）

图 2-5-3　刈割防控后麋鹿的活动印记（李飞飞　摄）

案例亮点

将保护区内保护物种活动与互花米草控制相结合。该案例采用互花米草物理控制与当地保护动物麋鹿活动相结合的方法控制互花米草，充分利用麋鹿喜欢在互花米草控制区域活动、取食互花米草幼苗的特点达到进一步抑制互花米草生长的目的。

适用范围

国内外适宜于麋鹿或者其他可干扰互花米草生长的保护动物活动的滨海滩涂湿地，且有互花米草控制需求的区域。

李飞飞　赵彩云（作者单位：中国环境科学研究院）

第3章

外来入侵物种化学防控技术

化学防控是人类常用的灭除技术，是对大面积发生的外来入侵物种有效防控方式之一，其最大的缺点是大面积地喷洒化学药剂会对环境和生物多样性造成威胁，尤其是一些广谱性的化学药剂，除了能控制外来入侵动植物，也会对野生动物、鸟类和水生生物等构成威胁，削弱自然调控的能力。基于外来入侵生物的生长发育特征，选择不同生长时期最合适的药剂，使用最优靶向给药，精准施药，结合预防措施或农业措施减少施药次数，降低化学防控对生物多样性的负面影响，是我国对外来入侵物种进行化学防控的技术要求。

案例 3-1

崇明东滩鸟类国家级自然保护区互花米草二次入侵阻截技术

外来入侵物种往往具有繁殖能力强、扩散速度快等特征，外来入侵物种控制是一项需要多地区联合且持续长久的工作。尽管有些区域采取措施来控制外来入侵物种，但由于入侵源不断，有可能再次入侵，如果对控制区域不采取长期监测和二次入侵的阻截，外来入侵物种很可能会形成二次入侵危害。为保证防控区域的控制效果，识别控制区域的入侵来源，主动出击实施精准阻截，是降低外来入侵物种二次入侵风险的方法之一。

案例描述

互花米草（*Spartina alterniflora*）于 1995 年被引种到上海市崇明东滩以积淤筑陆、保护河堤，但由于其极强的扩散与竞争能力，改变了当地原有植被的分布格局和演替动态，导致当地生态系统生物多样性减少、群落组成结构简单化和生态系统功能衰退。本案例实施于崇明东滩鸟类国家级自然保护区，为有效控制互花米草并优化受损的鸟类栖息地，2013 年国家林业局和上海市在该区域开展了“互花米草生态控制及鸟类栖息地优化工程”，目前基本达到了控制互花米草入侵、优化候鸟栖息地、保护生物多样性的目的。但在治理区外围及崇明岛周边地区仍有大量互花米草分布，其种子、实生苗等繁殖体可以借助潮流进行跨区域传播，已治理区域持续受到互花米草入侵的危害，这些新入侵的互花米草群丛在早期常常呈现为零星斑块。

考虑到物理综合防控方法适于大面积分布的互花米草治理，继续采用该类灭草技术治理零星分布的互花米草斑块不但治理效果差、经济代价高且难以实施。因此，华东师范大学河口海岸学国家重点实验室研究团队在国家重点研发项目“主要入侵生物生态危害评估与防制修复技术示范研究（2016YFC1201102）”的支持下，联合崇明东滩鸟类自然保护区管理处，在当地采用喷施化学除草剂的方式控制零星互花米草斑块，具体如下。

首先通过野外采样和室内遗传多样性分析，分析治理区域互花米草与周边互花米草可能潜在入侵源的遗传结构，结果表明治理区域内的互花米草与崇明岛内部互花米草群落的亲缘关系较近，与崇明岛周边的江苏、横沙岛、九段沙等地亲缘关系较远。因此，可以推断出崇明东滩二次入侵互花米草的传播路径（图 3-1-1），即崇明东滩二次入侵的互花米草植株主要来自崇明东滩北部，少数来自崇明东滩南部。

图 3-1-1　崇明东滩自然保护区互花米草二次入侵路径（袁琳　摄）

其次识别出入侵源后重点对入侵源附近即治理区域内的互花米草群实施环境友好型的灭除技术，本案例采用的化学药剂为美国陶氏益农公司开发研制的农作物田间杂草选择性除草剂——10.8% 高效盖草能乳油（有效成分 108 g/L）。该除草剂的中文通用名为高效氟吡甲禾灵，分子式为 $C_{16}H_{13}ClF_3NO_4$，属于芳氧苯氧丙酸类苗后茎叶处理除草剂，能抑制植物体内乙酰辅酶 A 羧化酶，导致脂肪酸合成受阻而杀死杂草，对阔叶作物和禾本科杂草间有高度选择性，而对莎草科植物无效，药效期长。

具体实施步骤为①选择7—9月的小潮汛、低潮期、晴朗、无风天气实施互花米草斑块的化学控制，并保证施药后6 h内的互花米草斑块不受雨水或潮水影响；②根据互花米草二次入侵斑块大小，依照每亩18 g的剂量稀释盖草能乳油，小区喷液量按每亩267 L计算，采用二次稀释法，足量清水配制，手动搅拌均匀；③采用无人机搭载喷雾器进行集中施药。按照规划路线，无人机悬停在互花米草斑块上方均匀喷施茎叶（图3-1-2）。

图3-1-2 无人机现场实施除草剂喷施（袁琳 摄）

采用该化学防控技术后，一个月内互花米草茎叶枯黄萎蔫、地下根系枯死，除草率高达100 %（图3-1-3和图3-1-4），小型底栖动物群落结构没有明显的变化，且在沉积物中未检出盖草能乳油药剂残留。施药后连续3个月的

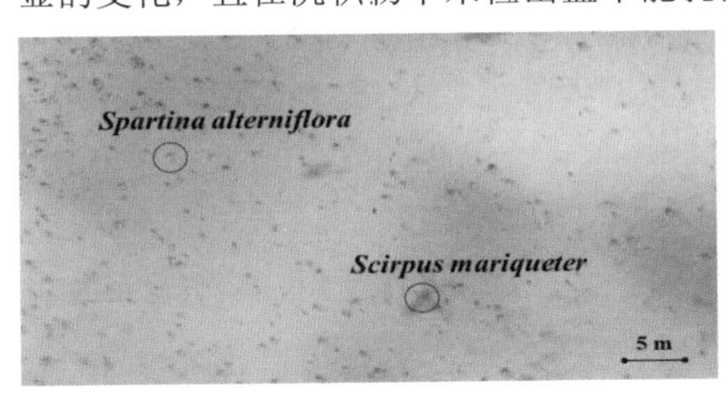

图3-1-3 互花米草治理前（袁琳 摄）

跟踪监测也证实，施药区内互花米草无任何新生现象，地下根系的丝根、走茎、地下茎已完全腐烂。

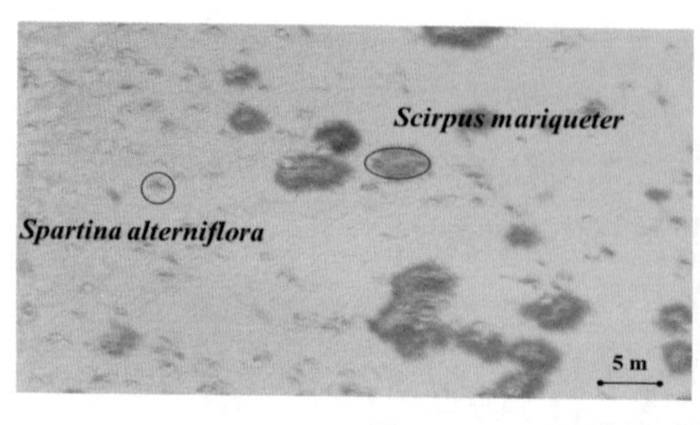

图 3-1-4　互花米草治理后（袁琳　摄）

案例亮点

（1）主动防御型防控技术。该案例在控制互花米草中取得成功的治理区域，为进一步巩固和保证防控效果，实施主动型的防御技术，防止互花米草二次入侵危害，有助于生物多样性的保护。

（2）精准阻截技术。该案例将互花米草入侵路径的识别与环境友好型的阻截技术相结合，首先通过科学研究找到入侵源，其次结合入侵源实施阻截，有效且精准地控制了互花米草的二次入侵。

（3）药效快、除草彻底。施药后 1 个月内即可使互花米草茎叶枯黄萎蔫、地下根系枯死腐烂，且不易复发。

适用范围

该技术适用于国内外滨海湿地的互花米草零星斑块、大规模治理后残留小斑块的补救性治理和二次入侵互花米草零星斑块快速防控。在实施时需注意对本地非入侵禾本科植物的保护。

袁琳（作者单位：华东师范大学）

案例 3-2

城市园林绿化中刺桐姬小蜂针管式注射防控技术

环境与发展是全球关注的重大问题，保护生态环境、实现可持续发展，直接关系到人类的命运。园林绿化在带给居民高质量生活的同时，也面临着入侵有害物种的威胁。目前，园林绿化对有害生物的防治仍以化学防治为主，传统的办法是将农药直接喷洒在林木上。而这种方法容易导致化学农药飘散于空气、水体及非靶标动植物上，大量害虫、天敌死亡的同时，也极易造成人畜中毒和环境污染等不良后果。同时，该方法的操作容易受到天气条件、树木生长状况和害虫为害方式的影响，导致防治效果不明显，而且在地形复杂及缺水等情况下，普通喷洒机械也无法操作。因此，如何让药剂直达受害部位，减缓药剂喷洒对人体或其他生物造成的潜在危害，达到既防治有害生物又保护环境的目的，亟须改进化学药剂的施用方式。

案例描述

2005 年 7 月，深圳出入境检验检疫局在深圳市海上田园景区杂色刺桐上首次发现刺桐姬小蜂（*Quadrastichus erythrinae*），随后在福建省厦门市和海南省三亚市、万宁县也相继发现该虫。其专一为害具有重要观赏价值的刺桐属（*Erythrina* spp.）植物，刺桐姬小蜂繁殖能力较强，成虫羽化不久即能交配，雌虫产卵前先用产卵器刺破寄主表皮，将卵产于寄主新叶、叶柄、嫩枝或幼芽表皮组织内，幼虫孵出后取食叶肉组织，引起叶肉组织畸变，受害部位逐渐膨大，形成虫瘿，喷雾施药时药物难以直接接触虫体，防治难度较大。刺桐姬小蜂可造成叶片、嫩枝等处出现畸形、肿大、生长点坏死，形成的虫瘿还影响光合作用，严重时会引起植物大量落叶，植株死亡。

作为造瘿昆虫刺桐姬小蜂，由于幼虫包裹于植物组织内部，传统的喷雾方法中药物较难直接接触虫体，不仅防治效果不理想，还存在较大的环境风险。为了在保证环境安全的前提下，可持续地控制刺桐姬小蜂，广东省科学院动物研究所研究团队在科技部重点研发项目“主要入侵生物生态危害评估与防制修复技术示范研究（2016YFC1201102）”及广东省科技计划项目的支持下，设计了刺桐姬小蜂的自流式树干注药技术，具体做法如下。

通过自行设计的树干注液导入器将药物旋入树干，药物便依靠树体自身的蒸腾拉力将药液输送至树体各部位，从而达到防治树木病虫害的目的。该方法对于植物的蛀干害虫、维管束病害、结包性害虫和具蜡壳保护的吸汁性害虫具有良好的防治效果，该技术具有防控效率高、便于携带和使用方便的优点。为保护环境的前提下可持续地控制刺桐姬小蜂提供了技术保障。

研究团队利用所研制的环保型注药器及药剂对深圳市刺桐姬小蜂危害比较严重的刺桐树进行大面积防治，总共防治了包括福田区、罗湖区、南山区、龙岗区等地的 3 000 多棵刺桐树。防控取得了较为明显的效果，一年前布满虫瘿的刺桐属植物树叶基本掉光，经过半年的防治，不仅长出新叶，而且生长茂密，防控效果达到 95% 以上（图 3-2-1 和图 3-2-2）。

案例亮点

（1）环境友好型的园林树木害虫防控技术。该技术的施药方法是利用林木输导组织将药液输导至作用部位，从而杀灭病虫，是一种植物内部施药施

图 3-2-1　深圳市湖北大厦前刺桐树防治前（李军　摄）

图 3-2-2　深圳市湖北大厦前刺桐树防治后（李军　摄）

肥技术，因此对植物内部危害取食的害虫杀虫效果尤为明显，且对环境友好。

（2）防控方法简单易行。该方法具有简单易操作、防控效率高、便于携带、使用方便的优点。对高大的林木、地形复杂的山林，应用该技术弥补了传统施药方法的不足。

适用范围

城市园林、地形复杂的山林等。

李军（作者单位：广东省科学院动物研究所）

案例 3-3

四川省成都市棕榈园区采用“预防 + 化学防治”有效控制红棕象甲

外来入侵生物往往利用寄主植物人为跨境(地区)调运实现快速传播扩散。近年来，一些植物由于极具观赏功能而被大面积种植，同时也为其携带的外来入侵昆虫扩散提供了便利。外来入侵物种种类繁多，就昆虫而言，因缺少系统的认知，给防御工作带来了巨大挑战。如何快速诊断，如何开出合适的“药方”是园林管理人员面临的技术难题。

案例描述

红棕象甲（*Rhynchophorus ferrugineus*），又名锈色棕榈象、椰子隐喙象，属鞘翅目、象甲科（图 3-3-1）。红棕象甲原产南亚，主要危害植物为椰子、海枣、油棕、槟榔、霸王棕等多种棕榈科植物，以成虫迁飞实现近距离传播，以各种虫态随寄主植物的调运实现远距离传播。我国已报道的危害分布区涉及海南、广西、广东、台湾、云南、福建、香港、西藏（墨脱）等地。由于棕榈科观赏植物苗木的大量调运种植或移栽，红棕象甲在我国发生危害分布区域呈向北扩大趋势。

棕榈科是具有独特造景功能的植物类群。近年来，成都地区大量调入棕榈科植物用于商业、住宅区和市政园林绿化。据四川省林业厅通报，2015 年开始在成都市崇州市首次发现红棕象甲，目前已扩散至成都、眉山、遂宁、绵阳、乐山、南充、凉山等地。

红棕象甲主要通过幼虫取食幼嫩茎干及树冠心叶的方式危害椰子树、海枣树等棕榈科植物，被侵染的植株通常在 5 ～ 6 个月内整株死亡。红棕象甲以幼虫在寄主内部穿孔取食危害，不易被发现，一旦寄主植物出现叶心发黄，生长点及附近的茎干就已坏死腐烂，无法再进行人工干预救治，且会危害到区域内其他健康植株，严重影响棕榈科植物的生产经营和林业安全。

防范红棕象甲传入扩散需采取系统的疫情防控措施。在实际处理过程中，处理人员往往缺乏系统的疫情防控知识，一般仅作铲除处理。铲除不彻底或将带虫植物残体随意丢弃，不但不能除灭疫情，还为红棕象甲的扩散提供了

图 3-3-1　红棕象甲成虫、蛹、茧（杨益芬　摄）

条件，造成疫情进一步蔓延（图 3-3-1）。

2015—2017 年，成都市郫县一工业园区内棕榈树陆续死亡（图 3-3-2），而郫县区域内相距不远处一苗圃种植基地所种植的上千株棕榈树却正常存活。调查发现，该基地采用“预防 + 化学防治”方法，有效地保护了基地棕榈科植物。具体做法如下。

（1）加强日常养护过程中的监测和预防。保持树冠清洁，修剪树冠后，用沥青或泥浆涂封伤口；仔细观察植株树冠是否异样，叶柄基部是否有虫眼，一旦发现新叶叶色异常或者叶柄基部有虫眼，立即用药剂进行防治。在生长季节（3—11 月），经常用医用听诊器在树干的中上部东南西北不同的方向，贴紧树干或叶柄基部进行仔细监听，如听到有“嚓嚓”的声响，就可证明有成虫或幼虫在活动，立即用药剂进行防治。用长效缓释药剂做日常预防。使用“甲刻”挂包和植株顶部直接撒施“地杀”颗粒剂或放置“地杀”药包，长效预防红棕象甲入侵。

（2）对于为害较轻的植株，在为害初期采用淋灌法，从植株心部淋灌 2% 的噻虫啉微胶囊悬浮剂 500 倍液，淋灌时必须灌透整个树冠，每 7 ～ 10 d 1 次，

图 3-3-2 受红棕象甲危害的植株（杨益芬 摄）

连续 2 ～ 3 次。利用传入初期虫口较少的特点进行彻底根除，同时密切关注其动态，预防疫情蔓延扩散。

（3）对于为害严重，心叶枯死并出现腐烂的植株，可先清除枯死叶片，从心部淋灌 800 倍氧化乐果，并用薄膜包裹整个受害茎干，1 个月后拆除，清除枯死植株，可有效熏杀害虫各虫态。

案例亮点

（1）采取“早发现、早治疗”的方式。本案例采用听诊方式快速识别植株是否被入侵，可有效避免外来有害生物导致的经济损失。

（2）采取对症下药的控制方式。本案例针对感染轻重不同，制定科学的控制措施，既可以减少经济损失，又可以有效防范外来有害生物的定殖，并及时铲除疫情。

适用范围

棕榈科植物用于商业、住宅区和市政园林绿化等，该类引入植物有专人管理养护，种植面积较小且经济价值较高，适用该案例经验。

杨益芬　邵宝林（作者单位：成都海关技术中心）
潘绪斌（作者单位：中国检验检疫科学研究院）

案例 3-4

湖北省罗田县稻水象甲化学防控技术

外来入侵物种不仅对生物多样性造成影响，有些外来入侵物种还严重威胁农业生产。不同的外来入侵物种危害部位、危害时期、危害特征都不同，都有各自的发展过程。针对不同种类的外来入侵物种，必须先了解此虫害在什么时候生理性比较脆弱，什么时候是最佳施药时机，以达到耗费最少的人力和财力，从而取得最佳防治效果的目的。在治理虫害时，应在控制常规农业病虫害的同时，加强对外来入侵害虫的治理，以达到高效的防控效果。

案例描述

稻水象甲（*Lissorhoptrus oryzophilus*）隶属鞘翅目象甲科，原产北美洲。1988 年，我国首次在唐山市发现，目前已分布在我国 20 多个省份，是产生危害较大的外来入侵物种之一。其可以随着稻秧、稻谷、稻草及其制品、其他寄主植物、交通工具、水流等传播扩散，成虫还可借助气流迁移。稻水象甲寄主种类多、危害范围广，主要危害以禾本科、莎草科植物为主，其中水稻、玉米及高粱受害最为严重。

2014 年首次在罗田县大河岸镇石井头村发现检疫性水稻害虫。之后 4 年（2014—2018 年），稻水象甲发生面积逐年扩大，危害程度逐年加重。截至 2017 年，稻水象甲发生面积扩大到 3 577 hm^2，发生范围扩展到除九资河、胜利两乡镇外的 10 个乡镇 157 个村。

发现疫情后当地立刻开展调查监测工作，主要监测水稻秧苗和杂草叶片危害状、成虫数量和水稻秧苗的百蔸虫量，掌握稻水象甲的发生规律，确定最佳用药时机等，并制定疫情防控预案，启动试点工作，确定了“狠治越冬成虫，普治幼虫，兼治新一代成虫”的防控策略，然后组织大面积的扑灭行动，具体如下。

制定防控方案与战略，适宜时间开展指导防控工作。确定防控战略为“综合治理、分片围歼、联防联治、严控扩散”的防控方针，以村为单位统一进行联防联治，统一组织、统一技术、统一购药、统一时间、统一防治。选用醚菊酯等对口高效农药，并使用无人机等先进机械进行喷洒，提高防治效果。确定“秧田必须用药一次、移栽前用药浸秧根和水稻移栽返青后、分蘖盛期、破口期分别用药防治”的防控预案，加强宣传推广，向镇、村、组、户宣传推广，扩大防治面积。

具体实施以下防治措施。秧田期，每亩用10%醚菊酯100 g兑水30 kg，均匀喷雾。水稻移栽前3～5 d，必须用药防治一次。移栽前浸秧根，将秧捆放150 mg/kg吡虫啉药液中浸根1 h后移栽，抑制稻水象甲在本田的产卵，达到控制幼虫的目的。在水稻移栽7 d后，每亩用醚菊酯100 g兑水40 kg，均匀喷雾。在水稻分蘖盛期，每亩用10%氟虫双酰胺阿维菌素悬浮剂30 mL或20%氯虫苯甲酰胺15 mL或24%氰氟虫腙45 mL兑水40 kg，均匀喷雾。可兼治稻纵卷叶螟、二化螟等鳞翅目害虫。在水稻破口期，每亩用10%氟虫双酰胺·阿维菌素悬浮剂40 mL或20%氯虫苯甲酰胺20 mL或24%氰氟虫腙50 mL兑水50 kg，均匀喷雾。可兼治稻纵卷叶螟、二化螟等鳞翅目害虫。

2017年5月调查数据显示平均百蔸虫量只有7.6头，比用药前减少51.2头，防效达到87.1%，对稻水象甲的扩散蔓延起到很好的防控效果。

案例亮点

（1）以成虫防控为主，兼防幼虫、卵数量。针对稻水象甲幼虫防治效果良好的药剂相对较少，施药也困难，该案例以治理成虫为主，减少一代幼虫的虫源，最大限度压低虫口基数。

（2）制定联防联控的战略，提高区域防控效率。依靠大家的力量统一行动、统一治理，降低成本，避免虫害迁移，取得最佳防治效果。

（3）控制稻水象甲与其他农田常见害虫相结合。在控制稻水象甲的同时，施药过程中也关注对其他农田常规害虫的防控，可降低化学药剂使用量，提高防控效率。

适用范围

该案例适宜稻水象甲越冬成虫于每年4月下旬至5月上旬从越冬场所迁移到水稻秧田和大田取食，并于5月下旬至6月上旬产卵的稻田和农场等。

赵云峰　赵彩云（作者单位：中国环境科学研究院）

案例 3-5

福建省上杭县利用化学技术防控红火蚁

外来入侵物种会随着人类的生产生活被无意地引入运输、贸易等活动。外来入侵物种在新入侵地定殖需要一定的潜伏期，一旦发现危害就已经形成种群。面对外来物种的入侵，尤其是对人体健康有威胁的物种应如何应对，如何在短时间内持久有效地控制和杀灭外来入侵物种，并防止其外迁，是防控外来入侵物种需要解决的问题。

案例描述

红火蚁（*Solenopsis invicta*）作为外来入侵物种是具有危险性的有害生物，其繁殖迅速，竞争力和迁移能力较强，对人和牲畜极具攻击性，是一种社会性昆虫（图 3-5-1）。防控工作有别于一般虫害，使用大量化学药剂或者焚烧的方法追求快速压制，可能会造成蚁后转移，甚至使其外迁；采用大面积农药挖穴灌药的方法，不仅费时费力而且无法完全触及生殖型蚁，尤其是蚁后，会在灌巢旁引发衍生新蚁穴，无法根除，造成重复防治且效果不持久。

福建省是我国第 4 个发现红火蚁的省份，最初是由当地塑料厂从广东省购买材料携入。2003 年秋，上杭县溪口乡石铭村村民首次发现红火蚁，2004 年趋于严重，向周边扩散，2005 年开始为害农作物，妨碍村民农事生产操作、生活起居。该区域发生的红火蚁危害面积为 133 400 m^2（核心区为 86 710 m^2），有大小蚁巢 3 500 多个。很多人都曾被红火蚁攻击过，主要受害部位为手、脚等，叮咬后轻则非常痛痒，出现红肿，重则会对其毒蛋白产生过敏反应，出现急性红肿、出汗和呼吸急促等症状，严重者会休克，甚至导致呼吸停止和心脏衰竭。红火蚁还会攻击当地蚁类和其他生物，对入侵地生物多样性造成影响。

发现疫情后，上杭县政府及时召开疫区乡镇分管农业领导、农技站人员、

图 3-5-1 红火蚁图片（张润志 摄）

疫区村主干人员会议，通报发生情况和防治措施。迅速形成以化学防控为主的防控技术体系，具体如下。

首先加强宣传教育。对疫区群众进行培训宣传 5 场次，分发防治资料 1 000 余份，要求疫区的竹木杂材不可外运。对参加防治人员进行技术培训，分片包干，对投放质量进行不定期抽查，防止人为造成疫情意外传播。

其次做好阻截预防。在发生区设立植物检疫临时检查点，对过往车辆用杀虫剂（菊酯类）进行检疫处理（主要为车胎部分）。做好隔离防护工作，开劈防火带 3 000 m×12 m，并在防火带靠发生区一侧撒施杀虫颗粒，防止红火蚁外迁。同时为防止红火蚁随着生活垃圾扩散，要求疫区群众把生活垃圾统一回收于指定垃圾池，并对垃圾用杀虫剂处理，坚决杜绝未作处理的垃圾外运，运输车辆外运前用杀虫剂处理。

最后是全面开展防治、扑杀等工作。第一步焚烧山林、边角地、河滩地、田埂等地杂草约 30 000 m^2，清翻、焚烧塑料垃圾约 200 t；清翻沙滩地 3 000 m^2。第二步全面喷施杀虫剂 180 000 m^2，然后采用网格式撒施红蚁净

（有效成分为 0.1% 氟虫腈 DP），之后再全面撒施一扫清饵剂（有效成分为 0.5% 氟磺酰胺 RB）53 万 m^2；第三步做好疫区农产品收获物的处理工作，稻田收割前 7 天全面喷药（辛硫磷）；花生地收获前 7 天灌水，收获前 5 天喷药（菊酯类），并认真做好农产品的检查工作，禁止疫区稻草等非收获物外运，并在其干燥后就地焚毁或用杀虫剂喷洒后堆沤处理，防止由农产品及非收获物携带造成扩散。

经过 3 年的治理，有效地控制了红火蚁疫情，2008 年 5 月至 2013 年 11 月，连续系统监测未发现红火蚁疫情，确定疫情已得到根除。

案例亮点

（1）构建基于化学防控的全程防控技术体系。为了防治蚁害，在扩散区、危害区制订周密的防控计划，治理与阻截相结合，不同区域使用相应的化学药剂，尽快达到根除效果。

（2）重视宣传教育。防控过程中首先重视宣传教育，通过组织对技术人员培训、分发宣传资料等方式让群众了解红火蚁的危害并掌握防控措施。

（3）综合使用触杀型和胃杀型的化学药剂。本案例中对于来往车辆等可能零星携带红火蚁的载体使用菊酯类触杀型的化学药剂，对于蚁巢内的红火蚁使用胃杀型的化学药剂，通过红火蚁的搬食行为增加对蚁后的灭除效果。

适用范围

该控制技术适用于发现早、已定殖但尚未大面积扩散的第一虫源地，如乡镇农村田地、山边、城外郊区、公路边等区域，可以有效控制红蚂蚁的疫情扩散，短时间杀灭，达到根除的目的。

赵云峰　赵彩云（作者单位：中国环境科学研究院）

第4章

外来入侵物种生物防控技术

生物防控包括生物天敌防治和生态替代法，其原理是利用一种或多种生物控制另外一种生物种群的消长。该方法具有效果持久、防治成本较低等优势。然而一些因素也限制了生物技术的发展，如天敌的繁育技术、微生物菌剂的研发技术、微生物菌剂的施用技术、替代物种的选择等都会影响生物防治的效果。多种天敌协同增效的技术，以及因地制宜选择的物种非常关键，在天敌选择和替代物种选择中使用本地物种、专一性的寄主是避免生物防控对生物多样性产生不利影响的关键。

案例 4-1

泉州湾沿海滩涂利用红树林生物替代技术治理互花米草

我国海南省三亚市至福建省福鼎市滨海湿地孕育着丰富的红树林资源，红树林植物种类由南向北逐渐减少。红树林是海岸带重要的湿地类型之一，同时也是一种高生产力生态系统与重要的“碳汇”，在保护海岸、降解污染、维持生物多样性方面发挥着巨大作用。然而红树林在人为干扰和外来入侵物种威胁的双重压力下，面积不断萎缩，到 20 世纪后半叶，我国的红树林已丧失 73%。2003 年，我国开始实施大规模的红树林生态系统保护和恢复行动，2007 年党的“十七大”报告中提出生态文明，生态保护被作为各省（区、市）的重要工作之一。如何结合沿海地区的红树林恢复工程和生态保护规划，同时考虑外来入侵物种的防除工作，是保护滨海湿地的生物多样性工作中的机遇与挑战。

案例描述

泉州湾沿海地区于 1982 年引种互花米草，主要用于保滩护岸，随着互花米草的疯狂蔓延，已经造成滩涂分布面积的严重萎缩。互花米草的入侵已经影响到鸟类的食物来源和栖息地面积，造成泉州湾生态系统结构的改变和功能的退化。

泉州湾引种互花米草之后，随着互花米草的迅速扩散蔓延，在潮位 4m 至高潮线，在内湾中潮位高部以上，没有养殖（缢蛏、牡蛎）、无法养殖或养殖强度小的滩涂区域，基本长满了互花米草。互花米草繁殖速度快，主要依靠营养繁殖来扩大分布并最终连接成片，对当地的生态环境产生重大影响，互花米草占据滩涂贝类养殖地，阻止水流畅通，致使滤食性贝类摄食受阻，物种多样性大幅降低，对养殖业和水鸟栖息地造成严重危害（图 4-1-1）。

图 4-1-1　泉州湾疯狂生长的互花米草（赵彩云　摄）

整个泉州湾河口湿地自然保护区，都是红树林适宜生长的地方，该区域适宜的主要红树林植物包括桐花树（*Parmentiera cerifera*）、海榄雌（*Avicennia marina*）、秋茄树（*Kandelia candel*）等。考虑到泉州湾本地红树林物种优势，泉州湾在沿海滩涂利用红树林对互花米草进行抑制。它们同属喜阳植物，在充足的光照下才能正常成长。然而，红树林会因为它们的高度优势而更具竞争力。高密度的红树林群落可以限制互花米草的生长，从而控制互花米草。因此，泉州湾通过大面积人工种植红树林，让红树林成为抵御互花米草入侵的有效"利器"。主要措施具体如下，首先，采用机械法剪掉互花米草地上植株，然后用翻耕机将其根部翻过来，使其根部朝上，通过日晒、潮水浸泡，促使根部腐烂；利用机耕船，在涨潮时绞断互花米草，连根带茎绞，让其腐烂。其次，在互花米草被处理过的区域，人工种植高密度的红树林幼苗，结合人工抚育，保证红树林幼苗的存活率，逐步通过红树林种植占据滨海滩涂生态位，使得互花米草没有生存空间，不能再卷土重来，达到抑制互花米草的效果。

2000 年以来，结合泉州市生态环境建设五年规划，惠安、晋江等地启动互花米草防控试验和红树林种植试验，并逐步推广泉州湾在滩涂种植红树植物，成效显著，互花米草得到了有效控制。泉州湾洛阳江洛阳桥一带的互花米草通过红树林种植的生态控制方法，大面积减少。洛阳桥畔红树林的面积也由2000年前后的几十亩增加到6 000亩以上。互花米草的生存空间也越来越小。

未来泉州湾河口湿地自然保护区的互花米草控制，可以结合该保护区的功能调整规划中丰泽城东至桃花山、埔枪城河口湿地、东海滨海大道、晋江沿岸等地红树林造林规划，控制互花米草的生长。

案例亮点

（1）将红树林生态修复与互花米草控制相结合。该案例采用互花米草物理控制与红树林植物生态修复相结合的方法控制互花米草，充分利用区域适宜滩涂生长的红树林植物，通过恢复红树林占据生态位的方法达到控制互花米草的目的。

（2）将生态保护规划与互花米草控制相结合。该案例结合当地生态保护规划，不仅恢复了当地的生物多样性，还很好地控制了互花米草，取得了比较好的生态效益。

适用范围

国外滨海湿地适宜红树林生长区域的互花米草入侵地区；国内福鼎市以南适宜红树林生长且大面积分布着互花米草的滨海滩涂地区；需要恢复本土红树林植被的区域且有志于控制互花米草入侵的地区。

赵彩云（作者单位：中国环境科学研究院）

案例 4-2

沈阳高速公路两侧利用植物替代技术控制豚草

外来入侵物种往往会随着公路、铁路等交通要道扩散蔓延，因此道路两旁也是入侵的重灾区。野外观察发现道路两旁的植被不同，其扩散的距离也不同。道路两旁如何调控植被种植，以在控制外来入侵物种的同时加强道路两旁对外来入侵物种的阻截能力，防止外来入侵物种的进一步扩散蔓延是交通要道两旁外来入侵物种防控需要考虑的问题。

案例描述

豚草（*Ambrosia artemisiifolia*）最早可能是随火车从朝鲜传入我国，公路两旁、铁路沿线、村子周围等都是其广泛分布的地方。豚草繁殖能力强，开花时每株可产生 7 万～ 10 万粒成熟的种子，种子具有休眠能力，落地 30 ～ 40 年仍具有生命力，并能在干旱贫瘠的荒坡、隙地、墙头、岩坎、石缝里生长。豚草生态适应性极强，在很多生境中均可生长，并能很快形成单种优势群落，导致原有植物群落的衰退和消亡。此外，豚草的花粉能诱发枯草热病和支气管哮喘，严重危害人类健康（图 4-2-1）。

沈阳—大连高速公路和沈阳—桃仙机场高速公路两侧路基和沟底密布豚草。豚草随着交通线路扩散，极易侵入人口密集区，造成对入侵地生物多样性的影响并对人体健康产生危害。豚草很难侵入永久性草场，草坪以及多年生杂草、小灌木占优势的地方。因此，用小灌木、多年生草本植物替代控制豚草是比较好的方法。

在沈阳—大连高速公路和沈阳—桃仙机场高速公路建立豚草替代控制示范区，选择 5 种替代控制植物。替代控制植物以不同路段的地形、土质特点

图 4-2-1　豚草特征图（刘全儒　摄）

加以配置。替代植物应在豚草 1 对真叶前进行移植或栽种，不同替代植物种植的密度各异。草地早熟禾 64 簇 /m^2 的密度已有明显抑制作用；50 株 /m^2 以上的菊芋密度即可有效控制豚草。

栽培紫穗槐、沙棘、草地早熟禾、小冠花和菊芋等豚草替代控制植物后，豚草生物量由 30 kg/m^2 降到 0.2 kg/m^2。高速公路两侧连绵不绝的豚草现在已经被整齐茂密的紫穗槐、沙棘灌丛，地毯般的草地早熟禾和小冠花绿地以及秋季一片金黄色的菊芋所替代。经过多年的建设，豚草替代控制示范区已经达到 200 hm^2。

案例亮点

（1）长期有效，节约成本。替代控制植物一旦定殖便能长期抑制豚草，不必连年防治。替代控制植物可转化为经济产品，预期在短期内收回栽植成本，实现长期获利。

（2）提高道路两旁的生物多样性。替代控制植物能保持水土、改良土质、涵养水源，提高道路两旁的生物多样性。

（3）使用替代控制植物治理豚草不仅是一种有效治理豚草的方法，也是一种国土整治的方法。根据豚草生态位较低和喜光的特点，可人为创建高生态位的植物群落，广泛采用具有生态和经济双重功能的乡土树种替代控制豚草，削弱单一豚草的种群优势，恢复和重建本地生态系统的结构和功能。降低豚草的相对生态位，使单一豚草种群转变为多物种种群，并凭借良好的自然优势，使之具有自我维持能力和活力，建立起良性演替的生态系统，持续有效地控制豚草的蔓延。

适用范围

国内外需要控制豚草的区域，尤其是道路两旁的豚草控制。该案例适用于便于人工种植植物的豚草入侵环境。

郭朝丹　赵彩云（作者单位：中国环境科学研究院）

案例 4-3

湖北、四川利用农作物替代技术控制紫茎泽兰

外来入侵物种成功入侵的原因有很多，其中外来入侵物种容易占据空生态位，具有较强的竞争能力是其能够形成大面积单优势群落的主要原因之一。外来物种入侵后通过化感作用、营养掠夺不断挤占本地物种的生存空间，严重威胁生物多样性。如何运用生态位理论控制外来入侵物种，如何选择竞争能力强的物种，如何提高防控过程中的经济效益，是外来入侵物种防控过程中需要解决的问题。

案例描述

紫茎泽兰（*Ageratina adenophora*）于20世纪由中缅边境传入我国云南省，目前已在我国西南地区的云南、贵州、四川、广西、重庆等省（区、市）广泛分布。紫茎泽兰在入侵区域可以逐渐形成单优势群落，其入侵到林地会导致林木幼苗和本土植物死亡，其入侵农田或经济林会导致蜜源植物和药用植物受到抑制和排斥，土壤肥力严重下降，生物多样性降低。以往对紫茎泽兰的防治大多采用机械和化学防除，很难达到理想的效果，而生物替代是消耗紫茎泽兰种子库和抑制其生长蔓延的有效途径，也是采用营林措施除治紫茎泽兰的有效方法。在宜林地、宜农地等不同地区可选取不同的植物，湖北省、四川省在防控过程中发现利用大豆、甘薯、油菜等农作物不仅可以控制紫茎泽兰，还可以提高经济效益。

湖北省农业科学院植保土肥研究所利用大豆替代控制紫茎泽兰。试验地平坦，肥力均匀。土壤类型为潮泥土，pH 值约为 6.8，有机质含量为 1.9%。所有样地内紫茎泽兰分布均匀，其他杂草均人工拔除。点播大豆前施复合

肥 300 kg/hm^2，过磷酸钙 3 753 kg/hm^2 作为基肥。选用由中国农业科学院油料作物研究所培育的大豆品种天隆一号作为替代作物，该品种是高产稳产、品质优良、抗病性好的大豆新品种。2013 年 6 月 7 日点播大豆，播种后参考天隆一号的栽培技术，及时进行水肥和病虫害管理。刈割紫茎泽兰后不翻耕，直接点播大豆，大豆为优势种群，对光照的竞争能力强，对营养利用能力也比较强。种植大豆后，紫茎泽兰的发生密度和株高被显著抑制，对水肥的吸收显著降低，且随着大豆种植密度的增加，大豆产量显著增加，由 2 113.66 kg/hm^2 增加至 2 885.62 kg/hm^2，旋耕处理区紫茎泽兰的防除效果达到了 100%。

湖北省农业科学院在南湖试验站基地、湖北省武汉市江夏区、四川省西昌市袁家山、四川省普格县利用甘薯替代控制紫茎泽兰。试验地平坦、肥力均匀，pH 值为 6.5 ～ 7.3，有机质含量为 1.60 ～ 1.80 g/kg，田间杂草以紫茎泽兰为主。鄂薯 1 号在湖北省农业科学院南湖试验站基地种植，鄂薯 6 号和 9 号在湖北省武汉市江夏区种植，而农家白皮甘薯在四川省西昌市袁家山和普格县种植。选用重量为 200 ～ 300 g 健康、完整的薯块作为种薯，温室育苗后移栽大田。鄂薯 1 号、6 号和 9 号按推荐方法进行栽培管理，农家白皮甘薯采用四川省当地常规栽培管理方法。试验结果表明，无论是淀粉型还是叶菜型甘薯均能有效控制紫茎泽兰，其防控效果为 98% ～ 100%，并且能极显著地降低紫茎泽兰对氮、磷、钾和水分的消耗，保持田间水肥条件，保障了甘薯的增产和增收。

图 4-3-1　紫茎泽兰特征图（牛洋　摄）

四川省凉山州西昌市小庙乡袁家山利用油菜替代控制紫茎泽兰。试验地为缓坡，肥力均匀。土壤类型为沙壤土，pH 值为 6.5 ～ 7.3，有机质含量为

1.6 ～ 1.8 g/kg，试验地内以紫茎泽兰为主，分布较均匀。用德阳市科乐油菜研究开发有限公司选育的油菜品种甘蓝型油菜德油 6 号为替代作物，该品种为四川省西昌市当地常规种植品种，2014 年 10 月 12 日播种，12 月 7 日移栽，移栽后浇足水，隔天浇水一次，持续一周使其扎根成活，每亩施纯氮为 8 ～ 11 kg，磷肥为 40 ～ 50 kg，钾肥为 10 kg，硼肥为 1 kg。常规方法栽培管理，各小区整个生育期内施肥、管理及病虫害防治措施均相同。结果表明，翻耕种植油菜后，对紫茎泽兰防控效果达 100%，能显著减少紫茎泽兰对田间水肥的消耗，油菜产量随着种植密度 4 株 /m^2、8 株 /m^2、12 株 /m^2 的增加呈显著增加趋势，产量从 2 830.75 kg/hm^2 增加至 5 332.28 kg/hm^2，每公顷产值达 14 153.75 ～ 26 661.38 元。

本案例通过农作物种植不仅可以替代紫茎泽兰而且可以提高经济效益，在平地、坡地均取得比较好的防治效果。

案例亮点

（1）利用农作物替代控制可提升经济效益。本案例选择农作物替代控制紫茎泽兰，不仅可有效防治紫茎泽兰，还可创造附加经济价值，使农民增收。

（2）该方法可提高农民对防控工作的参与度。紫茎泽兰一旦入侵到农田形成单一群落很容易导致农业减产，本案例利用大豆、甘薯和油菜等农作物替代控制紫茎泽兰，可达到长期控制的效果，还让农民参与到防控工作中来。

（3）保护环境，提高土地利用率。替代控制植物能保持水土、改良土质、涵养水源，提高环境质量；替代控制植物可使荒地变为生态经济用地，提高土地利用率。

适用范围

国内外需要控制紫茎泽兰的地区。该案例适宜于在紫茎泽兰入侵到农田或农田周边区域，且易于种植农作物的入侵区域。

郭朝丹　赵彩云（作者单位：中国环境科学研究院）

案例 4-4

红火蚁巢内注射式生物防控技术

化学防控是外来入侵物种防控中常用的技术，虽然化学农药对外来入侵昆虫的及时控制做出了很大贡献，但其对环境造成的负面影响却毋庸置疑。微生物农药以其低毒、无污染等特性被公认为21世纪的绿色农药。然而由于微生物对昆虫的作用较慢、施用方法的局限及使用时受到来自昆虫本身的免疫，从而降低其杀灭活性等特点，使得野外利用微生物防控外来入侵物种成为应用技术上的“瓶颈”。如何改进施用方式，最大限度发挥病原微生物对外来入侵物种的防控效果是亟须解决的技术难题。

案例描述

红火蚁（*Solenopsis invicta*）是一种竞争性和适应性很强的入侵害虫，目前防治红火蚁的主要手段是使用化学药剂，化学药剂由于其毒性会对人类造成较大的负面影响，因此对环境友好和非靶标生物安全的红火蚁防控药物研究是可持续控制的必然趋势。白僵菌（*Beauveria bassiana*）和微小芽孢真菌（*Thelohania solenopsae*）被认为是防控红火蚁较有效的病原微生物。

近年来，虽然加大了利用真菌防控红火蚁的研究，但是大多数研究仍停留在室内药效筛选，且在实际应用中，病原微生物对红火蚁的防治效果并不理想。原因有以下4点：①病原微生物本身对昆虫的作用较慢；②红火蚁本身的免疫会使病原微生物的杀灭活性降低；③作为社会性昆虫，红火蚁进化出多样的防御行为，如自洁或互相清洁等，也会降低病原微生物对它的侵染率；④病原微生物对环境要求较高，且施用方法局限，这些都成为病原微生物在野外应用中的“瓶颈”。

为了在保证环境安全的前提下，可持续地控制红火蚁，保护当地生态安全及生物多样性，广东省科学院动物研究所研究团队在科技部重点研发项目及广东省科技计划项目支持下，发明了红火蚁巢内注射式的生物防控技术，具体做法如下。

我们设计了一种巢内喷施的注射式防控方法（图 4-4-1），该方法既可以避免灌巢施药对蚁巢的破坏从而导致的红火蚁搬巢现象，又可以增加巢内湿度，进而改善病原微生物在蚁巢中的感染环境条件，同时筛选出优良的菌株，建立红火蚁的微生物防控药剂配方库。使用时，将含有病原微生物的防治红火蚁药剂用注药器插入红火蚁蚁巢内，将药液注射到红火蚁蚁巢内的各个深度和各个方位，使得药液均匀地喷洒于各方位的红火蚁身上。结果表明该方法具有防控效率高、器具便于携带、使用方便的优点，为在野外应用病原微生物防控红火蚁提供了技术保障。在红火蚁防控方面具有广阔的应用前景。

图 4-4-1　红火蚁野外防控效果试验（李军　摄）

注：(A) 在大田使用自制的注射式红火蚁防控技术对蚁巢喷施病原微生物；(B) 30 d 后许多蚁巢已经死亡；(C) 在蚁巢旁边发现大量死蚁堆；(D) 挖开蚁巢检查发现巢内的死蚁身体上均长满菌丝。

通过防治后45d及90d后地表及土壤动物多样性调查发现，无论是类群数量还是个体数量，防治后均具有明显的增加（图4-4-2）。防治前地表及土壤动物类群主要有马陆、蜚蠊、隐翅虫、叶甲、蟋蟀、步甲、蜘蛛等，其中蜘蛛的个体数量最多，相对多度为61.11（图4-4-3A）。防治后45d节肢动物类群主要有蜜蜂、蠼螋、姬蜂、马陆、步甲、叩甲、蜚蠊、蜈蚣、蟋蟀、蝽类、叶甲、蜘蛛、本地蚁、蝇类、蝗虫、叶蝉及环节动物蚯蚓等，其中个体数量最多的类群是叶蝉类，相对多度为39.60；其次为蝗虫类、蝇类和本地蚁类（图4-4-3B）。防治后90d动物类群主要有金龟子、蜜蜂、蠼螋、马陆、步甲、叩甲、蜚蠊、蜈蚣、蟋蟀、蝽类、叶甲、姬蜂、蜘蛛、白蚁、本地蚁、蝗虫、叶蝉，以及环节动物蚯蚓等，其中个体数量最多的类群是本地蚁，相对多度为46.60；其次为白蚁、蚯蚓及蜜蜂等（图4-4-3C）。

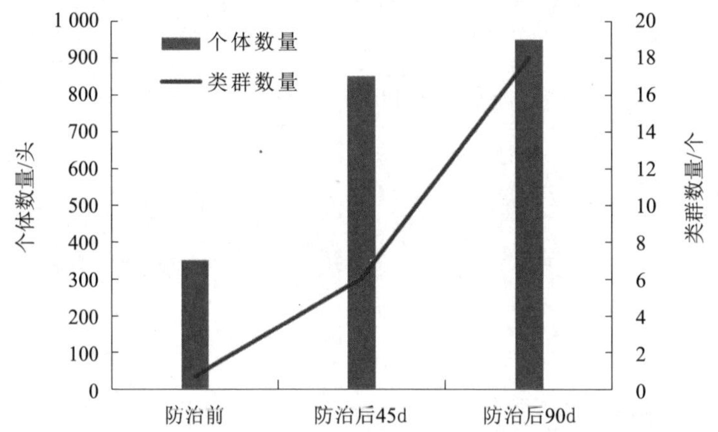

图4-4-2　防治前与防治后节肢动物及环节动物的类群数和个体数

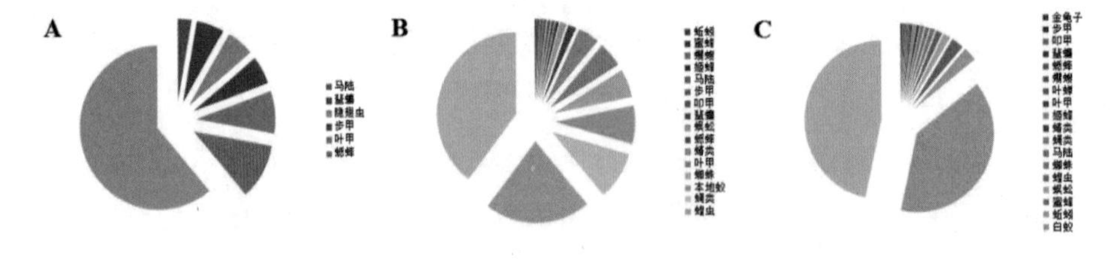

图4-4-3　防治前（A）、45d（B）、90d（C）后主要节肢动物及环节动物类群的相对多度

案例亮点

（1）环境友好型的生物防控技术。本技术的施药方法由于是孢子液被注射到蚁巢内部，既增加了湿度，又减少了紫外线、高温等环境条件对病原微生物的损伤，从而增加了施用药物对红火蚁的防控效果。

（2）防控方法简单易行。该方法简单易操作，器具具有防控效率高、便于携带、使用方便的优点。比较适宜于病原微生物药物对红火蚁的防控。

适用范围

适用于农田、公园、湿地、生物多样性保护优先地区或重要生态功能区的红火蚁防控。

李军（作者单位：广东省科学院动物研究所）

案例 4-5

湖南、广西利用广聚萤叶甲和豚草卷蛾联合控制豚草

生物防治是国际上常用的控制外来入侵物种的技术，释放天敌虽然能有效控制入侵物种种群，但是很难完全根除，由于很多天敌取食习性不同，因此采用单一天敌释放效果并不理想。如何在生物防控中选择多种对外来入侵物种抑制的天敌，从而提高防控效果是生物防控中亟须解决的难题。

案例描述

我国豚草的生物防治始于 20 世纪 80 年代，经过多年研究，确认了豚草卷蛾（*Epiblema strenuana*）（图 4-5-1）和广聚萤叶甲（*Ophraella communa*）（图 4-5-2）是豚草生物防治较为有效的天敌，两者都具有较强的环境适应性和扩散能力。

案例实施区域包括湖南省汨罗市大荆镇、永州市江永县允山乡、智峰乡、新市镇和广西壮族自治区来宾市兴宾区南泗乡，均为豚草发生较为严重的区域。

图 4-5-1 豚草天敌豚草卷蛾（周忠实 摄）

图 4-5-2　豚草天敌广聚萤叶甲（周忠实　摄）

中国农业科学院植物保护研究所和湖南省农业科学院植物保护研究所科研人员从湖南省农业科学院植物保护研究所工厂化生产的天敌饲养室和大棚采集广聚萤叶甲和豚草卷蛾。广聚萤叶甲收集方法：从饲养的豚草植株叶片采集成虫放入规格为 19 cm×12 cm×6 cm 的透明塑料养虫盒内，每盒放 300 头备用；豚草卷蛾收集方法：将 3 龄幼虫的虫瘿连同豚草茎秆剪下，保留茎秆长度 30 ～ 40 cm，然后装入 50 cm×30 cm×40 cm 的纸箱内打包备用。

案例实施区域分为释放区和扩散区 2 个区域：释放区位于湖南省永州市江永县允山乡公路边的抛荒地（25°17'24″N、111°14'33″E），土质为砂石土，土壤较为贫瘠，核心示范区面积 20 hm^2，豚草密度 139 株 /m^2，株高 50.4 cm；扩散区位于释放区东侧离村庄方向约 10 km 处的豚草大面积发生区。

图 4-5-3　江永县控制前后对比图（周忠实　摄）

2009 年 6 月 18 日，将核心示范区相对平均划分为 40 个释放点，将广聚萤叶甲和豚草卷蛾平分为 40 份，集中释放于各释放点中心的 10 株豚草上。折算后，广聚萤叶甲释放密度为 1 200 头 /hm^2，豚草卷蛾释放密度为 900 头 /hm^2。

豚草卷蛾以幼虫蛀食茎秆，截断部分养分和水分向植株上部及其他部位运输，削弱植株长势；广聚萤叶甲以成虫和幼虫聚集取食豚草上部叶片，使植株失去光合作用，丧失补偿能力。释放天敌 2 个多月后，释放区和扩散区的豚草基本死亡，控制效果显著。

除此之外，2007—2009 年分别在汨罗市大荆镇按每 10 株 6 头的密度释放豚草卷蛾虫瘿，6 月 5 日按每 10 株 2 头的密度释放广聚萤叶甲成虫。汨罗市智峰乡按每 10 株 4 头的密度释放豚草卷蛾虫瘿，2007 年 9 月 18 日按每 10 株 2 头的密度释放广聚萤叶甲成虫。汨罗市新市镇按每 10 株 2 头的密度释放豚草卷蛾虫瘿和每 10 株 2 头的密度释放广聚萤叶甲成虫。2009 年 5 月 24 日在广西壮族自治区来宾市兴宾区南泗乡释放广聚萤叶甲和豚草卷蛾，其释放虫量约为每百株 1 头广聚萤叶甲成虫和 1 头豚草卷蛾虫瘿。

构建的豚草卷蛾和广聚萤叶甲生态位互补联合控制的生物防治技术，在上述防治区对豚草起到了非常显著的控制效果，最终均能在豚草开花结实前将植株100%杀死，有效抑制了豚草种群的进一步扩散和蔓延。此外，调查发现，两种天敌在释放点可安全越冬，并在来年对当地豚草控制效果显著，短短一个多月即可导致所有豚草植株死亡。

案例亮点

（1）豚草卷蛾和广聚萤叶甲的空间和营养资源生态位存在互补，通过卷蛾蛀茎截流营养和水分及广聚萤叶甲蚕食叶片抑制光合作用，对豚草控制具有显著的协同增效作用。

（2）环境友好，安全有效。使用天敌防治，不会对环境造成污染，防治效果具有长期性。

适用范围

国内外需要控制豚草的地区。该案例适合在春季或初夏季节豚草不太高时实施；如豚草植株比较高大，则需增加天敌昆虫释放数量。

周忠实（作者单位：中国农业科学研究院植物保护研究所）

陈红松（作者单位：广西农业科学院植物保护研究所）

案例 4-6

深圳市 7 个国家森林公园利用寄生生物田野菟丝子治理薇甘菊

国家森林公园的设立是为保护自然森林生态系统的多样性和完整性，为林木资源的保护和可持续利用提供了环境，然而一些外来入侵植物的进入，破坏了原始生境，造成了本地物种的锐减，使当地生态系统退化为以外来入侵植物为单优种群的植被群落，严重威胁着生物多样性。如何有效治理国家森林公园的外来入侵植物，同时保护本地生物多样性，是保护自然森林生态系统的重要难题。

案例描述

薇甘菊（*Mikania micrantha*）隶属菊科多年生草本植物或灌木状攀援藤本植物。原产南美洲和中美洲，现已广泛传播到亚洲热带地区，成为世界上最严重的 100 种外来入侵物种之一。我国 1984 年在深圳市首次发现，现已广泛分布于珠江三角洲地区。

深圳市是我国国内受薇甘菊侵害的“重灾区”，市内林荫道、公园、自然保护区都发现了薇甘菊，危害面积超过 2 700 hm^2。在深圳梧桐山、仙湖植物园、深圳水库周围等生态敏感区，薇甘菊危害发生率甚至达到 60%。在生态环境相对独立的内伶仃岛，纵向海拔 6 ～ 160 m 都有它的踪迹，横向 40% ～ 60% 的地区几乎都被它覆盖。一些森林公园也有薇甘菊的分布。薇甘菊攀上灌木和乔木后，能迅速形成整株覆盖之势，使植物因光合作用受到破坏窒息而死；薇甘菊还可通过产生化感物质来抑制其他植物的生长；对 8 m 以下天然次生林、人工速生林、经济林、风景林的几乎所有树种，尤其对一些郁密度小的次生林、风景林的危害最为严重，可造成成片树木枯萎死亡的灾害性后果（图 4-6-1）。

图 4-6-1　薇甘菊危害状（唐赛春　供稿）

案例实施地位于深圳市 7 个国家级森林公园：深圳铁岗森林公园、排牙山森林公园、凤凰山森林公园、三洲田森林公园、清林径森林公园、田头山森林公园、羊台山森林公园。这些森林植被主要为南亚热带季风常绿阔叶林和山地常绿阔叶林，森林植被保存较完好、生态保护价值较高。7 个森林公园防治前的薇甘菊入侵面积共 1 218 hm^2，发生危害的薇甘菊面积平均为 792 hm^2，盖度为 53% ～ 73%，已对本地森林生态系统产生了极大危害。

2009 年，深圳大学生命与海洋科学学院等团队成员采用现场踏查方式对 7 个国家森林公园做整体调查，并根据各个公园的情况总共设置 1 218 hm^2 田野菟丝子防除薇甘菊的样地。应用人工快速繁殖技术培植田野菟丝子或从野外采集大量田野菟丝子，在早上 9 点前或傍晚 5 点后将带 10 个以上吸盘的 20 ～ 30 cm 田野菟丝子茎段缠绕于薇甘菊。寄生成功后继续从田野菟丝子生长的地方采集田野菟丝子生长芽苗，每隔 20 d 投放 1 次，共投放 8 ～ 10 次。经过 3 个月的防治，7 个森林公园薇甘菊面积减少了 426 hm^2，盖度下降了 21% ～ 53%，田野菟丝子的寄生率为 44% ～ 87%。其中防治效果最佳的是铁岗森林公园，田野菟丝子寄生率高达 87%，薇甘菊盖度下降了 53%。随着投放田野菟丝子数量增加，寄生密度增加，寄主叶片数量减少，地上茎也死亡。

田野菟丝子寄生薇甘菊后，薇甘菊开花量和结实量明显减少，且除薇甘菊以外未发现致死种。

案例亮点

（1）采用环境友好的生物替代技术。本案例利用菟丝子控制薇甘菊，以寄生植物控制，是环境友好型生物防治方法。安全有效，并且不会对本地植物产生危害。

（2）将科研结果与实践应用相结合。该案例将区域的森林生态系统保护、外来入侵物种防控需求与科研单位的研究成果相结合，确保了外来入侵物种得到有效控制。

适用范围

国内外需要控制薇甘菊的地区。该案例适宜于广东省小范围的薇甘菊入侵区域。

郭朝丹　赵彩云（作者单位：中国环境科学研究院）

第5章

外来入侵物种综合防控技术

虽然物理、化学和生物防控在外来入侵物种防控方面都发挥着巨大的作用，但同时这些方法本身具有其局限性和缺陷，任何一种防控技术都有其优点和劣势，在实际运用中往往需要结合多种技术综合使用，以实现外来入侵物种有效防控，同时达到减少投入、保护环境、保护生物多样性的目的。

案例 5-1

长江中下游地区采用综合治理技术防治空心莲子草

控制大面积发生外来入侵物种是非常困难的事情，不仅需要投入大量人力物力，且物力资源有限，同时有效防控技术很少，使用单一技术进行防控很难达到防控目的。生物防控常常被用于防控外来入侵物种，然而由于天敌的筛选和外来天敌引进存在的潜在风险，生物防控仅能实现对外来入侵物种种群的控制而不能根除；化学防控见效快，实施方便，然而存在着容易造成环境污染的弊端；物理防控相对环境安全，但需要投入大量的人力物力。因此如何综合各种防控措施的优劣点来实现防控目的是相关人士一直在探索的方法。

案例描述

空心莲子草（*Alternanthera philoxeroides*）隶属于苋科莲子草属的多年生草本植物，又称水花生，是世界十大恶性入侵杂草之一。原产巴西，20 世纪 30 年代引入我国（图 5-1-1），目前在我国 20 个省（区、市）蔓延，危害水稻、小麦、玉米及蔬菜等农作物生产及淡水养殖基地，对种植业、养殖业、旅游、交通、航运、防洪排涝以及生态环境保护带来了极其不利的影响。清除空心莲子草是发展农业和保护农业生态环境的重要任务。

在原农业部外来入侵生物“十省百县”灭毒除害行动项目支持下，从 2004 年开始，中国农业科学院农业环境与可持续发展研究所从解决生产实际问题和保护农业生态环境出发，重点对陆生型及中高纬度地区水花生的生物学、生态学特征及水花生叶甲低温适应性等方面开展了一系列的深入研究，创新地应用景观生态学和集合种群物种保护学理论，根据长江中下游地区生

图 5-1-1　空心莲子草种群（刘全儒　摄）

态气候和农业生产特点，采取以越冬繁育和早春人工助增释放天敌技术为核心，以化学防治为主、生物防治为辅的防治陆生型空心莲子草，以及以生物防治为主、化学防治为辅的防治水生型空心莲子草的技术模式。

（1）生物防控物种选择及培育。选用水花生叶甲（*Agasicles hygrophila*）作为空心莲子草天敌，由于水花生叶甲没有休眠滞育特征，对低温的适应性差，导致其在长江中下游高纬度地区的繁殖存活率低。为了解决这一难题，通过实行双膜覆盖温棚越冬保种技术，帮助其渡过低温期，繁种量达 800 ～ 1 200 头 /m^2。

（2）水生型空心莲子草防控技术。为降低对水生环境造成污染，对水生型空心莲子草主要采取生物防治技术，在 4 月，日平均温度达 12℃以上时，将在温室保种的水花生叶甲释放，每亩释放 50 ～ 200 头，将其释放 3 ～ 4 个月后，对水生型空心莲子草防控效果达到 85% 以上。

（3）陆生型空心莲子草防控技术。采用短效化学农药和生物防控相结合的技术防控陆生型空心莲子草。在 4 月释放水花生叶甲，方法同上。4—6 月，采用化学防治措施，应用 20% 氯氟吡氧乙酸乳油、使它隆、草甘膦等药效在 7 ～ 30 d 内的除草剂，用药期间避开水花生叶甲田间种群扩散时间，实现化学药剂与水花生叶甲的空间隔离，达到既能有效控制空心莲子草危害又可保证水花生叶甲安全的目的；7—10月，利用田间自然扩增和扩散的水花生叶甲可有效控制陆生型空心莲子草的危害。

（4）形成可复制的防控模式。通过技术集成，构建了可复制、可推广、可持续的空心莲子草生物防治技术模式，形成了一系列可广泛适用于河道、湖泊、荒滩、农田、果园等不同生境的空心莲子草生物防治技术方案和行业技术标准。

2007年该技术成果先后在长江中下游地区及西南地区推广应用，在安徽省巢湖市、湖北省宜昌市、四川省眉山市等地建立了空心莲子草天敌工厂化繁育基地和生物防治技术示范区。2012年，联合农业农村部农业生态与资源保护总站对该技术进行推广，目前在湖北、四川等地推广示范面积已超过40万 hm^2。

案例亮点

（1）综合治理技术具有防控费用低、防控效果持续的优点。采用生物防治的方法，可产生持续有效的防控效果，平均每亩防治成本仅6～8元，相比传统的人工机械收割降低成本420元，比化学防治方法降低成本110元。减少人工打捞成本，恢复渔业生产，增加水稻、小麦、蔬菜果树等作物的收益。

（2）综合治理技术对农田生态环境友好。该技术在有效控制空心莲子草蔓延危害的同时，大幅度减少化学防治药剂的使用，可较好地保护水体及农田环境，不影响有益的植被种群。

（3）综合治理技术简便易学，并形成技术规范可指导技术推广应用。相关研究成果通过技术培训、现场观摩等方式，并通过报纸、杂志、网站等多媒体形式进行了广泛宣传，推动了空心莲子草防控技术成果的大面积推广应用。

适用范围

适用于长江中下游地区的空心莲子草防控。综合治理技术可广泛应用于农田、果园、水产养殖、池塘、河道、沟渠等各种生境中空心莲子草的防治。

郭朝丹　赵彩云（作者单位：中国环境科学研究院）

案例 5-2

云南省水葫芦资源化利用技术

我国已有外来入侵物种 50% 以上都是有意引种，一些外来入侵物种在引种之初对我国的经济生产、环境治理等都起到了一定的作用，然而由于这些物种的适应性强、入侵性强，很快形成单一群落，造成入侵危害。如何发挥外来入侵物种本身的作用，将外来入侵物种利用与防控结合起来，化害为利，达到有效控制外来入侵物种，保护本地生物多样性的目的，需要开展大量的探索研究。

案例描述

20 世纪 80 年代初还可游泳的滇池海埂早已是臭不可闻，且越治理问题越多。蓝藻更是一年盛过一年，常年可见浮面的“绿油漆”已经成为污染达到更深层次、更高水平、更新系统的标志。而藻类的再生产策略使其成为称霸地球年代最久远的生物。其生物特性和生存策略决定了其成为滇池治理能否成功的首要障碍。

滇池为治理水污染问题引进了水葫芦（*Eichhornia crassipes*），然而 90 年代水葫芦形成大面积种群，严重影响了滇池水生生物多样性，同时水葫芦还会对水体造成污染。水葫芦对水体的污染最初归结为根、柄、叶腐烂，后来研究发现水葫芦可减少水中多种污染物，但同时又消耗水中溶氧，甚至使水中溶氧趋于零，自净能力也趋于零，水生系统无从循环，加速恶变，是普通水葫芦双刃剑负效应的主要根源。

培育紫根水葫芦。紫根水葫芦是云南省生态农业研究所在解决滇池水污染问题时，根据水葫芦的特点，利用作物基因表型诱导调控表达技术，有针对性地对水葫芦的特性加以诱导调控，成功培育水葫芦的改良品种。紫根水葫芦比普通水葫芦根冠增多了近 20 倍，根系平均长 70 cm 左右，有的甚至超过 1m，且根可在长达 1 年的时间里不腐烂，能够分泌化感物质，快速吸附并灭抑蓝藻，在去除重金属砷方面，是被称为“吸毒之王”蜈蚣草的 52 倍。同时具有可供氧功能，大大提高净水功能。

紫根水葫芦在灭抑蓝藻水污染问题方面效果明显，同时它还有生物能源和能制成纤维板等二次利用的价值。云南省生态农业研究所培植的紫根水葫芦其巨型根系可用作纤维板的原材料。而且可以利用其根系吸附功能，制作干根粉再利用于饮用水快速除砷等重金属，将是最简捷、快速、有效地解决农村约 1/5 饮水难题的最好方法。水葫芦还可作为沼气的原材料。利用紫根水葫芦的同时做好科学管理，不仅不会泛滥成灾还可以多用途合理利用（图 5-2-1）。

图 5-2-1　治理前后效果对比图（杨红军　提供）

案例亮点

（1）充分利用水葫芦对污染物的吸附特征。本案例中依据水葫芦根系对污染物的吸附作用，通过诱导作用研发紫根水葫芦，提高水葫芦根系的吸收能力。

（2）开发水葫芦根系回收之后的用途。诱导形成的紫根水葫芦根系发达，纤维素含量高，可以用作纤维板的原产料；也可继续利用根系吸附作用制作成根粉。收获的紫根水葫芦植株可以作为沼气的原料。

（3）通过多用途综合利用减少扩散。本案例中一方面利用紫根水葫芦根系吸附能力，另一方面充分发挥植株的作用，通过多用途综合利用最大限度降低水葫芦的扩散。

适用范围

适用于国内外需要治理污染的水域或者治理水葫芦的区域。

那中元　杨红军（作者单位：云南省生态农业研究所）

案例 5-3

海口市新谭村采用“刈割 + 水葫芦象甲”控制凤眼莲

外来入侵物种是全球公认的导致生物多样性丧失的第二大因素，已有研究表明，外来入侵物种是导致哺乳动物、鸟类、珍稀植物等一些保护物种灭绝的关键因素。外来入侵物种入侵到珍稀濒危物种分布生境，一旦形成大面积分布的种群，就会威胁保护物种的生存。发现保护物种受到外来入侵物种的威胁，该如何快速采取措施控制外来入侵物种，如何发动群众参与到外来入侵物种的防除工作中，从而快速实现外来入侵物种控制，实现珍稀濒危物种的保护是相关人士一直探索的方法。

案例描述

海口市琼山区新谭村的火山冷泉——大潭，是羊山湿地的重要组成部分。羊山湿地是海口市重要的水源涵养地和绿色屏障，被誉为“海口之肺”和“海口之肾”，也是当地居民重要的生产生活资源。然而，由于凤眼莲（*Eichhomia crassipes*）的入侵（图 5-3-1），严重威胁了当地植物水菜花（*Ottelia cordata*）的生长。水菜花属于国家重点二级保护野生植物，是典型的水生植物代表种。其对水质要求极高，因此也是非常好的水质指示物种。水菜花分布于中国、缅甸、泰国及柬埔寨，目前在我国仅见海南羊山地区。如果羊山地区的水菜花种群灭绝，这将意味着这个物种在我国的灭绝。因此，治理凤眼莲，保护水菜花，是保护羊山湿地生物多样性的重要任务。

为保护水菜花，恢复水质，海南松鼠学堂自然教育工作室和中国农业科学院农业环境与可持续发展研究所、原中国农业部外来入侵植物应急专家、中国热带农业科学院环境与植物保护研究所等多单位联合采用“刈割 + 水葫

图 5-3-1　海口新谭村大潭凤眼莲（张国良　摄）

芦象甲”治理当地的水葫芦。具体方法如下。

首先，松鼠学堂以自然教育的方式组织志愿者进行人工打捞，采用打桩围栏的方式将水葫芦集中隔离在河道两侧，为水菜花的生长预留出空间。其次，科研工作者在水葫芦集中分布区释放水葫芦的天敌——水葫芦象甲，释放密度 400 只 /m^2。水葫芦象甲释放后，成虫当日即开始取食水葫芦叶片和叶柄，并逐步形成密度不同的取食斑，最多的每个叶片上可达 200 个取食斑，显著降低了水葫芦的光合作用，同时幼虫蛀茎，并逐渐向下钻蛀，破坏水葫芦的输导组织。随着水葫芦叶甲释放密度的提高，叶片被食咬的比例逐步升高。随着幼虫的钻蛀取食，气囊逐渐被破坏，茎秆中侵入大量水分，水葫芦失去漂浮能力，茎逐渐枯黄、变黑直至腐烂。

水葫芦象甲释放 15 d 对水葫芦叶片取食比例达 100%，同一叶片取食比例为 49.2%；释放 30 d 对水葫芦叶片取食比例为 100%，同一叶片取食比例高达 71.3%；释放 50 d 对水葫芦鲜重和干重防控效果达 70%；释放 1 年以上对水葫芦控制效果可以稳定达到 80% 以上。

松鼠学堂自然教育工作室非常注重后期的控制效果，一旦发现水葫芦就组织志愿者去清理。水葫芦清理之后，本地物种水菜花种群也逐渐得以恢复（图 5-3-2）。

图 5-3-2　海口新谭村大潭凤眼莲入侵区域水菜花种群的恢复（张国良　摄）

案例亮点

（1）社会公益组织与科研单位联合共治外来入侵物种。通过公民参与，提高公民对于入侵物种防治和环境保护意识。通过组织社会公众参与水葫芦的清理活动，不仅有效清理了水葫芦，还提高了公众对于入侵物种的认识和环保意识。

（2）采用人工控制与生物控制联合，强化控制效果。针对大面积入侵的种群，单一人工控制费时费力，采用释放水葫芦象甲对大面积水葫芦控制，建立持久稳定的天敌种群防治水葫芦，是既省力又省钱，也是持久有效的方法。同时结合人为打捞，不断巩固防控效果可达到有效控制。

（3）控制外来入侵物种与珍稀濒危物种保护相结合。在控制外来入侵物种的同时注重珍稀濒危物种保护，为珍稀濒危物种恢复种群提供空间，达到保护生物多样性的目的。

适用范围

这种清理方式适用于局部区域的生态恢复，尤其是接近水源的地方。该案例适宜于具有水生生物多样性保护诉求和水质恢复需求的凤眼莲入侵区域。

郭朝丹　赵彩云（作者单位：中国环境科学研究院）

案例 5-4

浙江、河南等地基于传播媒介的松材线虫综合防控技术

外来物种在入侵定殖后，通过人类活动或其他媒介不断扩散形成入侵危害，一个物种的成功扩散往往受到其他物种的影响，尤其是对于那些需要借助宿主扩散传播的外来入侵物种，如难以察觉的病原生物。因此防控外来入侵物种不仅要控制入侵物种本身，还要研究外来入侵物种的宿主，通过对其宿主或媒介物种的控制才能更有效地控制外来入侵物种。当一些病原生物成为入侵物种，面对难以识别，难以控制的技术难点，如何识别病原生物入侵，并通过其危害特征快速监测和查明其扩散趋势，研发通过媒介防控是对大多数隐蔽性强，且借助媒介扩散传播的外来入侵物种防控的有效方法之一。

案例描述

松材线虫病是由松材线虫（*Bursaphelenchus xylophilus*）寄生在松树体内而导致树木迅速死亡的一种毁灭性病害，该病具有发病速度快、传播蔓延迅速和防治难度大等特点，被称为松树的“癌症”（图 5-4-1）。松材线虫病已经在日本、中国、韩国、葡萄牙等国暴发成灾，成为当前林业建设中造成损失最为严重的灾害。

我国在 1982 年首次发现松材线虫病并呈现向西、向北快速扩散的态势。最西端达四川省凉山州，最北端已扩散至辽宁北部多个县（区），并已入侵多个国家级风景名胜区和重点生态区。全国因松材线虫病损失的松树累计已达数十亿株，造成的直接经济损失和生态服务价值损失上千亿元。疫情发生区域突破了传统理论提出的松材线虫病年均气温 10℃以上的适生界限。同时，

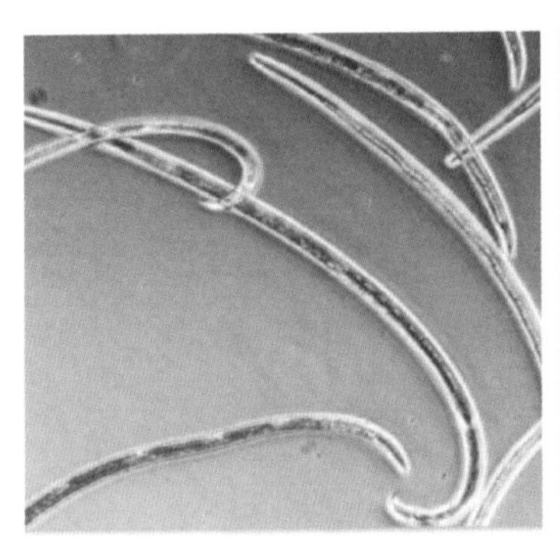

图 5-4-1　松材线虫危害状（赵莉蔺　摄）

传播媒介还发现了云杉花墨天牛（*Monochamus saltuarius*）等新种类，危害对象由过去的马尾松（*Pinus massoniana*）、黑松（*Pinus thunbergii*）扩大到红松（*Pinus koraiensis*）、落叶松（*Larix gmelinii*）等松树种类。疫情直接威胁我国近 9 亿亩松林资源安全。经专家研究分析，我国所有区域都是松材线虫病的适生区，所有松树种类都有可能感染松材线虫病，如不采取有力措施，森林资源损失将不可估量。

松材线虫与媒介松墨天牛（*Monochamus alternatus*）、共生蓝变菌等多种共生生物协同互作是松材线虫快速适应入侵新环境并暴发成灾的基础。近年来，以松材线虫共生体系为研究对象，从生物体化学通信这一新视角，探索共生生物快速适应环境的进化规律。紧密围绕共生互作过程中的行为、发育和抗逆现象，研究化学通信信号的诱导、合成及其功能，并在此基础上研发新型可持续控制技术。如基于化学挥发物的松材线虫快速取样技术、基于信息素的媒介松墨天牛诱捕技术、基于蛔甙的松材线虫和松墨天牛发育干扰技术以及基于虫菌互作的微生物菌剂技术等。林间主要以砍伐病死树为主，同时结合其他生物防控技术。

（1）基于化学挥发物的松材线虫快速取样及鉴定（图 5-4-2）。由于松材线虫个体小，并栖息于树体内，所以在海关口岸检验检疫以及早期监测中很难发现。传统的圆盘线虫取样和贝尔曼漏斗分离法，不仅需要在庞大树体上砍伐圆盘，而且需要浸泡 24 ～ 48 h，此方法不仅伤害树体，获得的混合线虫样也较难鉴定出松材线虫。松材线虫早期发现取样管进行取样后，联合分子检测试剂盒，实现 3 ～ 4 h 取样加鉴定的快速过程。

图 5-4-2　松材线虫取样技术（赵莉蔺　供）

（2）无人机实时监测技术配合每年冬季普查，进行林间发病情况监测，做到防控不留死角（图 5-4-3）。当前病情检查技术以人工踏查为主，目测加主观经验判断，耗时耗力，疫情漏查严重。无人机实时监测可实现智能化前期勘察：病树远程检测、自动识别、精准定位，从而进行精准施药，全覆盖，零死角，实现监测防控一体化。

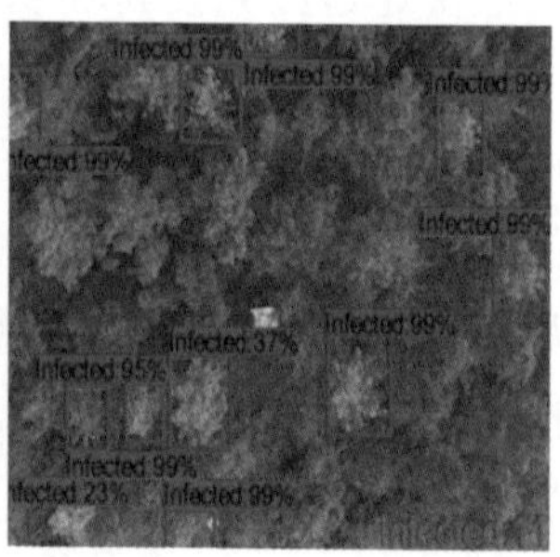

图 5-4-3　松材线虫无人机监测（赵莉蔺　摄）

（3）基于信息素的媒介松墨天牛诱捕技术（图 5-4-4）。松墨天牛是松材线虫的重要传播媒介，因此对松墨天牛的控制是防控松材线虫病的一个重要方式。我们在对松墨天牛的聚集信息素和性信息素进行分离鉴定，并在不断改进的基础上研发了一系列的松墨天牛诱捕器、诱芯及杀灭等产品，有效地降低了应用地区的松墨天牛数量并减少了松材线虫病的危害。高效持效期 2 个月，总持效期 3 个月，有效距离≥ 150m。这一技术应用已覆盖全国浙江、福建、江西等 27 个省份。一个诱捕器最高纪录为一天诱捕量达到 61 头松墨天牛。

图 5-4-4　松墨天牛诱捕相关产品（赵莉蔺　摄）

（4）生物防控技术从花绒寄甲（*Dastarcus helophoroides*）等天敌布控，到利用菌落快速替代简单、易操作、成本低，对松材线虫和松墨天牛进行联合防控。

案例亮点

（1）针对入侵全过程的链式防控技术。该技术从监测到防控一体化全方位进行，绿色、安全，尤其对自然保护区和水源地等有实施优势。

（2）环境友好且易于推广。防控方法简单易行，容易操作，没有环境污染，有利于当地生物多样性的保护，便于推广。

（3）控制传播媒介从而控制松材线虫。本技术考虑松墨天牛作为松材线虫的传播媒介会增加其扩散速度，因此从控制松墨天牛入手，达到控制松材线虫的目的。

适用范围

国内外森林中发现松材线虫的区域，可以综合防控，达到降低虫口密度，逐年获得防控效果的目的。

赵莉蔺（作者单位：中国科学院动物研究所）

案例 5-5

运用信息素推拉防控 + 生态调控技术控制红脂大小蠹

一些外来入侵昆虫往往随着苗木运输等活动传入到森林中危害森林生态系统。由于其个体小、隐蔽性强，入侵初期难以察觉，特别是一些蛀干性害虫，即使发生入侵危害，一般情况下很难准确捕获。但这类外来入侵昆虫也有其特点，我们可以对其特有的生活习性、交配习性进行研究，并研发出诱捕技术；同时依据外来入侵昆虫的寄主群落特征，改变单一林相，提高森林生态系统对外来入侵物种的抵御能力。因此从外来入侵物种控制和入侵生境的综合生态调控综合技术控制外来入侵物种是有效控制的手段。

案例描述

红脂大小蠹（*Dendroctonus valens*）是一种毁灭性的重大外来入侵害虫。原产于北美，1998 年在我国山西省首次发现，之后迅速传入河北、河南、陕西等省，造成 4 个省 24 个市 113 个县大面积暴发，入侵面积达 930.3 万亩，致死松树 775.5 万株（图 5-5-1），造成了巨大的经济损失和生态灾难，对生态安全构成严重威胁。

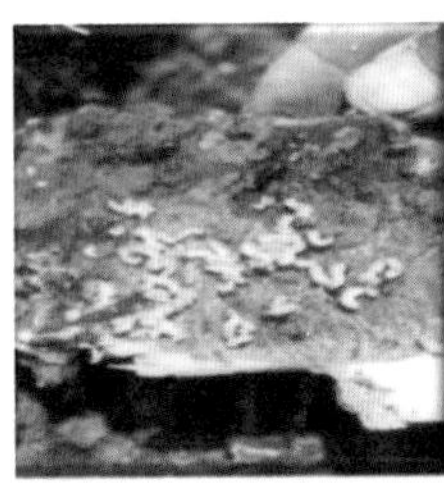
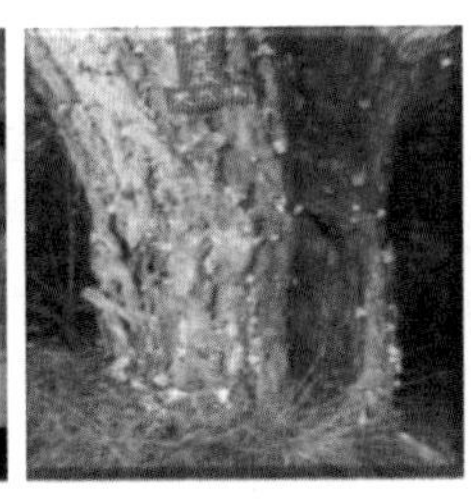
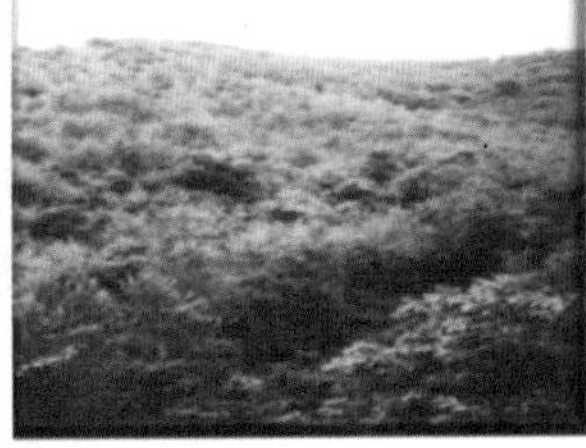

图 5-5-1　韩城市雷寺庄林场危害状（赵莉蔺　供）

基于国内外对其缺乏有效监测防控技术和小蠹虫依赖寄主挥发物选择寄主的化学通信机理，中国科学院动物研究所研究了以信息素为核心的监测防控技术。重点研究了化学通信机制、信息素调控、配套防控措施。研制出了高效植物源引诱剂和引诱剂定量缓释载体，并分离鉴定出具有显著增效作用的聚集信息素；发现马鞭草烯酮多功能特性；集成了以信息素为核心的红脂大小蠹监测、检疫、防控综合技术体系，该技术通过大面积推广应用取得了显著成效。

（1）诱捕技术。红脂大小蠹成虫扬飞期，在发生区松林的林缘、山脊，每隔 100 m 悬挂一个诱捕器。诱捕器垂直挂到树干下部，下端距地面 5 ～ 10 cm，诱集、杀灭红脂大小蠹。采用推 / 拉（Push/Pull）方法解决了挂诱捕器树周边树木受害重这一现象。引诱剂进行诱捕的同时，在诱捕器周边树木按一定距离和方向挂置趋避剂来驱避红脂大小蠹。引诱剂与驱避剂联合使用，在保护周边松树的同时增加了引诱剂效果（图 5-5-2）。

图 5-5-2　诱捕器诱捕红脂大小蠹

（2）趋避技术。在红脂大小蠹发生区周边松林林缘，据红脂大小蠹传播方向和点状发生特点，按一定距离布设以 1- 辛烯 -3 醇、顺 -3- 己烯醇、反 -2- 己烯醇、马鞭草烯酮为主要成分的马蹄形驱避剂阻隔带，阻断其传播扩散，防止红脂大小蠹侵入。

（3）饵桩诱杀技术。利用红脂大小蠹选择寄主特性，人为在被害林地每 18 ～ 30 亩砍伐 1 ～ 2 株油松树，砍伐时伐根高度留足 20 ～ 30 cm，并将砍伐下的主干锯成 2 m 长木段堆放在林缘。待大小蠹扬飞结束后，采用塑料布内置磷化铝药剂进行熏杀。

（4）联合应用信息素推 / 拉（Push/Pull）控制技术。在严重发生区成虫扬飞高峰期每个诱捕器平均日诱捕红脂大小蠹量达几十头至几百头，最高可达

1 000 头以上，降低林间虫口密度作用明显。山西榆次区 2001 年 60 个诱捕器共诱到红脂大小蠹成虫 7 119 头；2002 年山西省 2 000 个诱捕器诱到近 32 万头。通过信息素诱杀榆次区庆城林场松材涤虫，2001 年被害株率下降 54.4%，侵入孔下降 58.7%，研制的引诱剂有效引诱距离 100 m，平均诱捕率 92%；引诱剂定量缓释装置持效期 60 d 以上。

（5）降低诱源技术。结合天然林保护工作采取适当的营林措施，对重点发生区油松林进行抚育管理、提高松林健康状态，抚育采伐时间避开红脂大小蠹扬飞期；限制过量采伐和乱砍滥伐，停止采割脂，减少诱源；实行封山育林使被害松林树势得到恢复；对天然林改造工程，采取营造以油松为主的多树种、多林型搭配的混交林，改变林分结构、营造一个不利于红脂大小蠹发生的环境。

该成果在我国红脂大小蠹所有发生区（涉及 4 个省 24 个市 113 个县）进行了推广应用，防治面积为 2 566.38 万亩次，项目投资为 9 654 万元，挽回经济损失 10.83 亿元，年生态效益 16.97 亿元，彻底扭转了红脂大小蠹传入我国后迅速蔓延暴发成灾的局面，取得了巨大经济、生态和社会效益。治理红脂大小蠹面积 930.3 万亩，减少疫区面积 795.55 万亩，有虫株率控制在 1‰以下。

案例亮点

（1）环境友好型综合物理防控方法。定量释放载体的研制，解决了限制引诱剂大面积应用于红脂大小蠹监测和防治的技术“瓶颈”；利用马鞭草烯酮具有多功能信息素的特点，控制大小蠹效果显著。

（2）防控方法简单易行。简单易行，容易操作，没有环境污染，有利于当地生物多样性的保护，便于推广。

适用范围

国内外森林中发现红脂大小蠹的区域，可以综合防控，获得降低虫口密度，逐年获得防控效果的目的地。

赵莉蔺（作者单位：中国科学院动物研究所）

案例 5-6

广东农区采用化学和物理方法综合防控白花鬼针草

外来入侵物种一旦侵入农田生态系统，不仅影响农业生产，对生物多样性也会造成影响。农业生产中常用化学药物进行农田除草，然而单一的化学药剂难以灭除生命力顽强的外来入侵植物。如何结合农田管理措施，施用药剂时如何降低药剂对农作物的影响，改善单一化学药剂对外来入侵植物防控效果不佳的困境，寻找高效杀灭植株和种子的技术手段是控制外来入侵植物面临的主要技术问题。

案例描述

外来入侵物种白花鬼针草（*Bidens pilose*），属于菊科鬼针草属，是近年来在华南地区暴发的一种新入侵植物，由于其具有较强的低温耐受能力，在华南大部分地区可周年萌发、生长，所到之处本土植物几乎消失殆尽，对中国华南地区农业生态系统生物多样性造成严重影响，成为华南地区危害最严重的入侵植物之一。

化学防控是应急防控入侵植物的重要手段，但是由于白花鬼针草植株高大（1 ～ 2 m），众多除草剂仅仅能杀灭其地上部分，地下部分难以根除。此外，由于其种子量巨大，在杀灭地上部分后如任其腐烂，植株上的大量种子将进入土壤，造成大量幼苗快速生长，又快速占领生境。本案例实施地为广东省广州市白云区撂荒地。植被群落以白花鬼针草为主，还有少量两耳草（*Paspalum conjugatum*）和狗牙根（*Cynodon dactylon*）等（图 5-6-1）。

为了消除旱地作物田或撂荒地暴发的白花鬼针草，恢复旱地生产，广东石油化工学院研究团队在国家科技支撑项目的资助下，基于化学防控药剂筛选和民众实践经验，研究出“化防—火烧—化防”控制白花鬼针草的方法（图 5-6-2）。具体如下。

图 5-6-1　广东撂荒地白花鬼针草（岳茂峰　摄）

A 防控前；B 化学防控后；C 火烧后；D 使用芽前除草剂后

图 5-6-2　白花鬼针草的防控过程（岳茂峰　摄）

首先，利用高剂量的草铵膦或三氯吡氧乙酸对白花鬼针草进行应急防控，施用两种药剂 21 d 后的株防效和鲜重防效可以达到 95%，可基本杀灭白花鬼针草植株（中、低剂量两种药剂难以彻底杀死白花鬼针草；由于三氯吡氧乙酸残效期长，在使用三氯吡氧乙酸时，后茬尽量避免种植双子叶作物）。其次，在植株干枯后，在火烧后白花鬼针草地上部分清除植株及部分地面的种子。最后，在土壤潮湿（或者雨后）且白花鬼针草幼苗开始萌发时，喷施中高剂量的莠去津和莠灭净（后茬避免种植对莠去津和莠灭净敏感的作物），以对白花鬼针草进行芽前防控。

案例亮点

（1）利用火烧清除白花鬼针草植株残余及种子。由于白花鬼针草种子量大，在杀灭成株后，通过火烧清除其种子及地上残余部分可有效降低其种子的萌发能力。

（2）对白花鬼针草新生幼苗及时进行化学防控。为防止幼苗萌发导致新生植株再次暴发，需要及时采用芽前除草剂进行处理来控制，本案例筛选出的莠去津和莠灭净及时对新生幼苗进行处理，解决了白花鬼针草再次暴发的隐患。

（3）化学防控时关注农作物的生长。本案例特别关注在使用化学防控时后茬作物种植的注意事项，如在使用三氯吡氧乙酸时后茬尽量避免种植双子叶作物。

适用范围

在撂荒地、旱地作物田以及路边等白花鬼针草大面积发生危害的生境可以采用此方法进行防控。此方法可以使旱地作物田在较短时间内使白花鬼针草得以根除或控制。

岳茂峰（作者单位：广东石油化工学院生物与食品工程学院）

案例 5-7

黑龙江省采用全民普查 + 定点诱集技术防控马铃薯甲虫

外来入侵物种不仅危害生物多样性，对农业生产也会造成影响。一些危害农作物的外来有害昆虫与寄主植物分布密切相关，农业生产中有些寄主植物种植零星分散。高效全面进行疫情调查，并在第一时间发现疫情是防控外来入侵物种的关键。在防控过程中，如何避免外来物种产生抗药性，避免外来有害昆虫的再次迁飞造成扩散，是防控的主要技术问题。如何在发现疫情、控制疫情到有效根除疫情的过程中发动群众参与到防控过程中，更有效地发挥群众的作用是外来有害生物防控管理的重要环节。

案例描述

国际重大植物检疫性有害生物马铃薯甲虫（*Leptinotarsa decemlineata*）2014 年入侵黑龙江省东部边境 3 个市县，2015 年迅速扩散至东部的 7 个县市 565 个地块 600 余亩，疫情形势异常严峻。疫情对黑龙江省乃至全国马铃薯等茄科作物生产造成严重威胁。黑龙江省地域辽阔，平均县域耕地面积均在 250 万亩左右，监测调查范围广，寄主植物种植零星分散，加之各地植保人员少（3 ～ 5 人），且马铃薯甲虫监测没有有效的工具设备，因此疫情调查如大海捞针般困难。如何高效全面进行疫情调查，第一时间发现疫情是问题的关键。在防控过程中，如何避免其产生抗药性，避免再次迁飞造成扩散，是马铃薯甲虫防控的主要技术问题。为了阻截疫情蔓延，黑龙江省不断摸索，黑龙江省植检植保站在农业农村部项目经费支持下，探索采用“全民普查 + 定点诱集”的方式防控马铃薯甲虫。具体做法如下。

(1)发动群众对疫情定点监测并及时上报。在疫情扩散途径的交通要道、服务区、物流集散地等马铃薯甲虫侵入和扩散风险较大的地区设置诱集区（图 5-7-1），聘请农民疫情调查员。每年 6—10 月，调查员每 10 d 对所负责的监测区域内马铃薯甲虫寄主植物巡回调查一遍，并通过手机 App 终端将监测信息上报至预警平台，实现重点地区疫情监测全覆盖。

图 5-7-1　黑龙江省穆棱市马铃薯甲虫定点诱集区（潘绪斌　供）

（2）疫情发生区及时根除，长期监测。一旦发现疫情，以人工抓捕为主（图 5-7-2），并对疫点地块及周边危险区辅以施药防治，之后派专人对疫点及周边密切跟踪监测，发现残留虫体，再次清除；8 月末，彻底拔除寄主并集中在田间焚烧或覆膜堆垛闷杀（图 5-7-3）。疫点地块土表再施药，四周边界挖

图 5-7-2　黑龙江省人工捕捉马铃薯甲虫（潘绪斌　供）

图 5-7-3　黑龙江省田间集中闷杀马铃薯甲虫（潘绪斌　供）

20 cm 深沟，覆厚塑料膜，防止遗漏甲虫逃逸，持续覆膜至翌年春耕，或覆膜至 11 月底上冻前进行土壤深翻；第二年在曾经发生疫情的地块及周边，继续种植马铃薯，诱集可能漏网的虫体，防止醒蛰后迁飞扩散。

采取“全民普查 + 定点诱集”防控措施后，2017 年马铃薯甲虫发生疫点明显减少，发生县级行政区减少至 2 个，发生疫点减少至 31 个，2019 年仅发现一处疫点。

案例亮点

（1）人民群众参与疫情监测战，及时又高效。充分发挥农民监测调查员熟悉当地种植情况的优势，降低寄主田漏查率，多处疫点是当地农民调查员提供的线索。聘用农民调查员，也可增加在家务农农民的收入，为扶贫攻坚助力。

（2）定点诱集，灭尽遗漏虫源。发现疫点后，采取综合扑灭措施，派专人看守，发现虫体立即捕捉。第二年疫点地仍种植马铃薯，诱集马铃薯甲虫，专人看守。方法简单，节省人力，效果好。

适用范围

国内马铃薯甲虫发生地区，尤其是马铃薯种植分散或面积较大地区；充分发动并依靠群众开展共同监测调查，极大提高监测效率及效果。防控技术方面以人工捕捉为主、化学防治为辅，能够减少农药施用量，最大限度降低对农业生态的破坏。

焦晓丹　宫香余　李继文　张原（作者单位：黑龙江省植检植保站）
潘绪斌（作者单位：中国检验检疫科学研究院）

案例 5-8

宁波市采用多种技术治理加拿大一枝黄花

许多外来入侵物种是由于具有观赏价值而被引入我国，观赏价值失去之后很容易被遗弃，也是其入侵扩散的原因。虽然生物防控是国际常用的防控技术，但筛选合适的天敌尤其是本土天敌需要一定的时间，原产地天敌的引进又存在潜在入侵的风险。如何基于加拿大一枝黄花不同入侵阶段特征确定不同情境下的防控措施和防控时间，是有效地控制外来入侵物种的关键。

案例描述

加拿大一枝黄花（*Solidago canadensis*）隶属菊科多年生草本植物，原产于北美，1935 年作为观赏植物引入我国。该植物根茎发达，繁殖能力强，与周围植物争阳光、争肥料，直至其他植物死亡，被称为“霸王花”，对生物多样性构成重要威胁（图 5-8-1）。

1996 年，加拿大一枝黄花在浙江省沿海一带的海塘最早出现。经过半个多世纪的栽培驯化，它不仅适应了我国华东地区的气候环境，而且无天敌抑制。加拿大一枝黄花生命力极强，传播很快，生长迅猛，危害巨大。经过短短的 10 年时间，这种外来生物已经随处可见。据报道，加拿大一枝黄花已经在浙江省宁波市交通沿线 3 万余亩的土地上蔓延开来，尤其是管理粗放的果园、茶园，更易生长。如宁波市临湖镇的 300 多亩连片成林的柑橘园，不到 2 年的时间就被密密麻麻加拿大一枝黄花所占领。由于其抢夺了柑橘树的水分和养分、遮挡了风和光，导致柑橘树生长受限，枝条细短、叶小而薄，最终果子小、质量差，产量锐减，造成了巨大的经济损失。

目前国内尚未发现对加拿大一枝黄花种群有持续控制作用的本土天敌，且国内外尚无生物防治技术成功应用的报道。浙江省宁波市在多年研究中逐渐摸索出物理控制和化学控制相结合的综合治理技术用于加拿大一枝黄花的控制。

图 5-8-1　加拿大一枝黄花（王辰　摄）

具体如下。

（1）化学防治。选取春季 3 月下旬至 4 月末在加拿大一枝黄花开花结实前，以及秋季 9 月底前对根状茎实施两次集中防治，此时是对加拿大一枝黄花根状茎杀伤作用最强的时期。对于长期没有防治过且加拿大一枝黄花发生较为严重的区域按照 88.8% 草甘膦铵盐可溶性粉剂 1.2 ～ 1.8 kg/hm^2、75.7% 草甘膦铵盐可溶性颗粒剂 4.5 ～ 6 kg/hm^2 的配比增加施药量。对于一些预征地或不可进行复耕复种的区域，为增强防除效果，添加对根杀伤力更强的 10% 甲磺隆 0.09 kg/hm^2 进行防治。

（2）物理防控。对于不适宜化学防除的地块，如河道、沟渠沿线，或化学防控后影响整体美观的地块，如绿化带、园艺草坪等，或大范围发生可复耕复种土地以及零星漏防区域，采用人工机械防治，如割灌机割除、旋耕机翻耕或人工清除地上部分。对于一些失管果园、荒地、预征地等，有条件的进行复耕复种，或结合土地流转、绿色村庄建设、街景整治等工作最大限度地利用闲置土地，提高土地利用率，压缩加拿大一枝黄花的生存空间。

（3）综合利用。将加拿大一枝黄花加工为饲料、燃料和食用菌基质，“变害为宝”，以大幅度提高资源利用率的同时，实现对加拿大一枝黄花种群的持续控制。

宁波市经过多年的防控，加拿大一枝黄花总发生面积与重发生面积比高发生年份分别下降 79.4% 和 97.8%。加拿大一枝黄花普遍细化、矮化，与本地物种共生趋势明显，很难再形成大面积单一群落。

案例亮点

（1）在适合的区域采用适合的控制技术。本案例中宁波市不断摸索出物理、化学防控的区域，并筛选适合不同区域的防控技术。

（2）在合适的时间采取控制措施。本案例在春季 3 月下旬至 4 月末在加拿大一枝黄花开花结实前，以及秋季 9 月底前对根状茎采用化学防控，此时是对加拿大一枝黄花根状茎杀伤作用最强的时期，可以达到最好的防控效果。

（3）加大综合利用力度。发掘加拿大一枝黄花的功能，变害为宝，充分发掘加拿大一枝黄花的综合利用价值。

郭朝丹　赵彩云（作者单位：中国环境科学研究院）

案例 5-9

选择合适时机开展刺萼龙葵物理化学综合防控

对于外来入侵物种的防控选择合适的时间非常重要，如防控时间不当反而会促进其生长。如在植物开花结果后再做刈割或火烧处理，反而为其幼苗生长提供了空间。而有些植物生长成熟后具有硬刺，处理过程中会对人身造成伤害。加之植物不同时期的抗药性不同，即使选择化学防控也需要选择合适的时机。掌握外来入侵物种的生长习性，根据物种不同发育阶段筛选物理或防控技术至关重要。

案例描述

刺萼龙葵（*Solanum rostratum*）自入侵我国以来，已经在辽宁、吉林、张家口和北京的局部地区生长和繁殖，并已表现出扩大蔓延的趋势（图 5-9-1）。由于刺萼龙葵全身具刺，可扎进牲畜的皮毛和黏膜，从而降低牲畜皮毛的价值；牲畜食入混入饲料中的刺萼龙葵将会损伤牲畜的口腔和肠胃消化道；另外，刺萼龙葵的叶、

图 5-9-1　刺萼龙葵（刘全儒　摄）

浆果和根中含有茄碱（alkaloid solanine），茄碱的毒性高，当植物体在动物体内的含量达到动物体重的 0.1% ～ 0.3% 即足以致毒，一旦被牲畜误食后可导致中毒。中毒症状表现为身体虚弱、运动失调、呼吸困难、全身颤抖等，甚至因涎水过多而死亡。

为控制已入侵地的刺萼龙葵种群，减少生态危害，中国农业科学院农业环境与可持续发展研究所联合多家科研单位，深入研究刺萼龙葵的生活习性，研发出不同生长时期的物理防控和化学防控技术。具体如下。

（1）物理防除。选择刺萼龙葵幼苗期进行物理防控，尤其在 4 片真叶前的幼苗期。此时植株幼小，其刺质地较软，不易刺伤皮肤，实施物理防控最为安全和有效。根据刺萼龙葵发生面积的不同采用不同的铲除方式，在发生面积较大的连片区域内，采取机械铲除；在发生面积较小、密度小的区域，采取人工铲除（图 5-9-2）。铲除刺萼龙葵后要将植株焚烧深埋。由于刺萼龙葵的种子有休眠习性，当年未萌发的种子可能在数年后仍能萌发。针对这一点，一方面可通过不严密的刈草或在开花前用锄头分散刺萼龙葵的植株，以防止其种子的产生；另一方面对于刺萼龙葵生长过的地方，一定要予以标记，并连续几年进行观察和铲除。

（2）化学防控技术。物理防除仅适用于幼苗期防控，还需要利用化学防控实施控制，依据刺萼龙葵生长的不同时期选用适宜的方法进行（图 5-9-3）。

图 5-9-2　刺萼龙葵的物理防治方法（宋振　供）

①苗前的土壤防治。对刺萼龙葵生长的土壤进行处理，从而达到提前防治的效果，土壤处理剂中的乙草胺、异噁草松、甲草胺对刺萼龙葵活性抑制有显著的效果。

②苗期的防治。对苗期刺萼龙葵的防治要选择适合的时期，如果施药过早，田间一部分刺萼龙葵尚未出苗，药剂难以发挥功效；如果施药过晚，刺萼龙葵植株较大，耐药性增强，同样会降低除草效果。

辛酰溴苯腈、百草枯和草甘膦对 4 ～ 5 叶期的刺萼龙葵具有快速强烈的杀灭作用，其中辛酰溴苯腈有特效，可作为防除刺萼龙葵的重点药剂；氨氯吡啶酸、三氯吡氧乙酸和氯氟吡氧乙酸对刺萼龙葵也具有较好的控制作用，并且对生态环境影响较小。另外，72% 2, 4-D 丁酯乳油、20% 克草胺 +20% 莠去津和 20% 百草枯悬浮剂和 20% 百草枯水剂对刺萼龙葵幼苗和子叶期的防除效果均较好，尤其是 20% 百草枯水剂效果非常明显。

开花前植株可用 2, 4- 二氯苯氧乙酸（2, 4-D）进行防治，如将 2, 4-D 和百草敌（Banvel）联合使用，防治效果会更好。

三氯吡氧乙酸、氨氯吡啶酸和氯氟吡氧乙酸等激素类除草剂对刺萼龙葵控制效果较好，控制作用长效且彻底，但在田间应用时应避免一个生长季节连续多次使用同种药剂，以避免刺萼龙葵抗药性的产生和发展。

③花期的防治。三氯吡氧乙酸 48% 乳油和氨氯吡啶酸 24% 水剂对花期的刺萼龙葵防治有很好的效果。

④注意事项。

a. 喷施药剂应选择在刺萼龙葵花期（每年 6—7 月）前进行。

图 5-9-3　工作人员对刺萼龙葵进行化学防控（宋振　供）

b. 选择晴朗天气进行，如施药后 6 h 内下雨，应补喷一次。

c. 草甘膦和百草枯均为灭生性除草剂，注意不要喷施到作物的绿色部位，以免造成药害。

d. 在施药区应插上明显的警示牌，避免造成人、畜中毒或其他意外。

e. 田间应用时应避免一个生长季节连续多次使用同种药剂，建议不同种除草剂轮换使用，保持刺萼龙葵对除草剂的敏感性，延缓抗药性的产生和发展。

案例亮点

（1）选取合适的时期对刺萼龙葵实施物理防控。本案例选择刺萼龙葵幼苗期实施物理防控，可以减少刺萼龙葵的刺对人的伤害，也可以减少对机械的破坏。

（2）选择适合刺萼龙葵不同生长时期的化学药品进行化学控制。本案例根据刺萼龙葵生长特征以及对药剂的吸收与抗性，选择适合不同生长期的化学药品，可提高防控效率，减少不必要的环境污染。

适用范围

该案例适用于刺萼龙葵发生区域或潜在发生区域内农业、林业、环保等部门对刺萼龙葵进行的综合防治。

张国良　宋振（作者单位：中国农业科学院农业环境与可持续发展研究所）

案例 5-10

使用合理轮作 + 化学药剂综合防控技术治理节节麦[1]

一些农田外来入侵杂草种子往往夹杂在粮食中，随着粮食运输扩散传播；还有些作为饲料、观赏植物等人为引种，引种后控制不当导致入侵。这些入侵杂草不仅给农业生产带来影响，还会影响农业生态系统生物多样性。如何结合农业措施，尽量减少化学药剂使用，合理控制外来入侵杂草，提高农作物产量是农业生产应对外来入侵杂草中需要解决的问题。

案例描述

节节麦（*Aegilops tauschiii*）隶属禾本科山羊草属植物，原产于亚洲西部，最初作为饲料引种，目前已分布于陕西、河南、山东、江苏等地，属于世界性的恶性杂草（图 5-10-1）。

图 5-10-1　节节麦种群（刘全儒　摄）

节节麦在山东省广泛分布，滨州、德州、淄博、济南、济宁、泰安、聊城、潍坊、烟台、临沂、枣庄和东营等地均发现危害。发生比较严重的地区有济南济阳和商河，济宁

1　国家科技支撑计划（“十一五”）项目“农田恶性杂草防控新技术”（2006BAD08A09）公益性行业（农业）科研专项“农田杂草防控技术研究与示范”（201303022），http://www.saas.ac.cn/saas/?content-5294.html。

汶上，泰安肥城和淄博桓台等地。节节麦为麦田恶性杂草，与小麦激烈竞争光、肥、水等资源，造成小麦减产甚至绝收。小麦收获后，有节节麦小穗混杂的小麦谷粒，节节麦很难清除，使小麦的品质下降，商品经济价值骤降。节节麦的入侵给山东省小麦生产带来严重危害。

山东省为治理严重的节节麦入侵，山东省农业科学院植物保护研究所在深入研究恶性杂草节节麦扩散蔓延现状、扩散蔓延机制、生物学特性、为害规律及综合防控等方面的基础上，制定了基于合理轮作与化学防控相结合的防控模式，即通过深翻、轮作（春作物轮作和水旱轮作）、套播、诱萌、密植与冬前化学药剂防除相结合的技术措施。具体如下。

（1）精选种子。节节麦一般会夹杂在种子中进行传播，种植前除了一般的检疫措施外，还需要对种子进行筛选，减少节节麦的携带。

（2）合理轮作。轮作可以充分占据农田生态位，减少节节麦的萌发与生长，减少杂草基数。2015—2016 年在济南市鲍山社区简家村，将小麦玉米的旱旱轮作方式改为小麦水稻水旱轮作，并使用深翻（耕深可达 30 ～ 50 cm）、浅旋、免耕的耕作方式，结果表明不施除草剂也可以很好地控制节节麦的危害。

2016 年 4 月在济南市章丘区刁镇示范区进行春玉米、大豆、花生轮作；10 月初进行小麦播种；10 月下旬诱萌区灭除杂草；11 月初诱萌区小麦播种；11 月中旬冬前施用除草剂；2017 年 3 月初冬后返青初期施用除草剂；2017 年 4 月播种套播棉花。

（3）合理密植。适当增加 10% ～ 20% 的小麦播种量，一般控制在亩苗数 12 万～ 15 万，后期有效分蘖数 35 万穗左右，不宜超过 40 万穗。通过合理密植，可提高小苗对地表的覆盖率，减少节节麦的生长空间，以达到防控目的。

济南市章丘区刁镇示范区节节麦发生量大，分蘖数约 1 000 个 /m^2，各种技术措施对节节麦防效达到 93% ～ 99%。与农户自管田相比，增产率达到 25.38% ～ 59.39%。在相同农艺措施条件下，冬前比冬后施药降低化学除草剂用量 30% 以上。

案例亮点

（1）改变种植方式，防控节节麦。本案例通过轮作，如水稻与小麦轮作，小麦与大豆或其他作物轮作，或者通过小麦密植方式，提高农作物对农田的覆盖面积，减少节节麦的生存空间，以达到防控效果。

（2）降低除草剂施用量，相对安全。本案例中发现冬季前杂草出齐后，小麦越冬前气温 10℃以上，施药后 3 d 避免遇到 0℃以下强降温天气，冬前化学防治，与其他时期相比，具有防治效果好、使用除草剂相对少的优点。

适用范围

该案例适宜于中国黄淮地区节节麦入侵区域。

郭朝丹　赵彩云（作者单位：中国环境科学研究院）

第6章
外来入侵物种可持续控制技术

外来入侵物种成功入侵不仅与入侵物种本身的入侵特性有关，也受入侵地原生物种抵抗力的影响，入侵物种往往容易入侵人类干扰严重的生境。这也说明外来入侵物种防控过程中仅仅控制入侵物种本身还不够，减少和避免二次入侵的发生，在防控外来入侵物种的同时，开展对入侵生境的修复，提升入侵生境的抵御能力，不仅可以提高生物多样性，而且可实现可持续防控效果。本章秉持中国生态文明可持续发展理念，提供了根据生态系统特点解决入侵问题，基于本地物种配置实现入侵生境修复，以及开展区域联防联控实现外来入侵物种有效控制的案例。

案例 6-1

广西石漠化山区运用控制飞机草与植被修复实现可持续控制

喀斯特山地森林植被遭到破坏后很容易发生石漠化，形成极度退化的生态系统。广西喀斯特地区的森林覆盖率很低，石漠化地区的森林覆盖率不足1%，给外来有害物种的入侵提供了便利的条件。外来植物入侵石漠化地区后，不仅影响本地植物生长，降低本地生物多样性，并且加剧石漠化进程，使生态环境更加恶化。石漠化地区采取简单的物理控制，清除外来入侵物种后地表裸露，会引起水土流失；采取化学防控措施控制入侵物种，效果短暂，入侵物种还会再次入侵，并且化学防控还会污染环境、影响本地生物多样性。在石漠化地区采取什么措施可以有效控制外来入侵物种，同时还可以提升石漠化地区的水土保持能力，是石漠化地区外来入侵物种防控亟须解决的问题。

案例描述

飞机草（*Chromolaena odorata*）自20世纪60年代传入广西，由于缺乏有效的管理和控制措施，蔓延速度极快，目前已在桂南、桂西南、桂西和桂东等地大面积分布，尤以喀斯特地区最为集中和严重。常形成单优势种群落或与少数本地植物形成混合群落，甚至侵占可耕坡地，给生态和农业造成了极其严重的影响。

为了保护喀斯特地区生物多样性，治理恶化的石漠化生态环境，恢复本地植被，广西植物研究所研究团队在国家重点研发计划和广西科学研究与发展计划的资助下，基于多年的野外调查、生态适应性和化感作用耐受性等研究，筛选了具有重要价值的本地植物，结合特定植被修复技术如植物就地保育和移栽利用、低干造林和本土植被优化配置等技术，在广西平果县石漠化山区（图 6-1-1），替代控制飞机草，修复入侵地植被。具体如下：

图 6-1-1　石漠化山区飞机草（唐赛春　摄）

在石漠化山区，先用镰刀人工割除飞机草地上部分（因为石头较多，且是坡地，其他机械在此地形下无法操作），减弱飞机草的生长势。在 1—5 月，根据地形和立地条件，选择适宜的本地乔木树种，如茶条木（*Delavaya toxocarpa*）、南酸枣（*Choerospondias axillaris*）、栀子皮（*Itoa orientalis*）、降香黄檀（*Dalbergia odorifera*）、广西顶果木（*Acrocarpus fraxinifolius*）、蒜头果（*Malania oleifera*）、狗骨木（*Cormus wilsoniana*）等木本植物，以及黄荆条 (*Vitex negundo*)、红背山麻杆（*Alchornea trewioides*）、苏木（*Caesalpinia sappan*）等灌木和蔓生莠竹（*Microstegium vagans*）、水蔗草（*Apluda mutica*）和荩草（*Arthraxon hispidus*）等草本植物，约 20 多种乡土植物为替代控制目标种，同时根据具体地段的立地条件筛选目标种类，配置群落，不同树种采用不同的造林技术，替代飞机草。种植的乔木和灌木，可形成一定的郁闭度，减少光照条件，影响飞机草的生长、繁殖和种子萌发；种植的草本植物，可覆盖地面，尽量使飞机草的种子不落到地面和不接触土壤，极大地降低其萌发的机会。

经研究发现，筛选降香黄檀、广西顶果木、蒜头果、狗骨木、茶条木和苏木等本地植物，采取种子直播和苗木移植相结合及人工抚育等技术构建和管理乡土先锋群落，取得了良好的替代和生态恢复效果。在控制区域，飞机草种群的分枝数、平均盖度、平均高度、重要值和单位面积生物量等分别平均下降 55.53%、85.73%、56.27%、76.12% 和 96.13%。红椿（*Toona ciliate*）、广西顶果木、茶条木、狗骨木和降香黄檀等本地树种年均株高生长量达

100 ～ 150 cm，乔木先锋群落的主体框架基本形成，入侵植物治理和生态修复的效果十分突出。

评估不同修复时期的效果，发现修复控制 3 年后，飞机草得到很好的控制，本地植物开始恢复；修复 10 年后本地生物多样性得到明显恢复，修复区植物多样性与飞机草未入侵区域几乎没有差异，同时修复区的土壤持水量也显著升高，达到控制飞机草，同时修复入侵生境的目的（图 6-1-2）。

图 6-1-2　控制 2 ～ 3 年后的本地植被（唐赛春　摄）

案例亮点

（1）替代物种筛选，避免盲目引种导致的生态安全问题。在自然生态系统中，从生物安全的角度考虑，应当尽可能地使用本地物种作为替代控制目标物种，避免盲目使用新的生物入侵外来种，保障本地生物的安全。

（2）将入侵植物控制与生境修复结合。将植被修复技术应用于入侵植物的替代控制实践，结合替代控制前人工割除飞机草地上部分，能够提高控制效率，实现较短时间内抑制飞机草的扩张和蔓延。并且，该方法技术对环境友好、安全，不仅可以长期有效地控制入侵植物，还可以修复入侵地的自然植被。

（3）控制入侵物种与经济发展相结合。构建云南、贵州和广西等西南山地替代控制入侵植物提供优质的本地植物资源库。筛选本地植物时，注重资源植物、经济植物的筛选和使用，不仅可控制飞机草，同时也可产生一定的经济效益。

适用范围

喀斯特山地外来植物入侵的区域，尤其是石漠化和外来植物入侵严重的山地。该技术不但能以较少的时间有效控制入侵植物，还能修复本地植被，对本地生态环境和生物多样性的可持续发展具有重要作用。

唐赛春　吕仕洪　李象钦　潘玉梅　韦春强

（作者单位：广西壮族自治区中国科学院广西植物研究所）

案例 6-2

云南省基于本地物种配置群落的飞机草扩散阻截技术

外来入侵物种不仅入侵农田、湿地，也常常入侵到人类活动干扰严重的人工林、退耕还林形成的撂荒地、以及次生林。为减轻外来入侵物种的威胁，采取措施阻止其从入侵地向人工林、撂荒地、次生林等不同生境扩散，保证植被的正向演替，提前预防是非常有效的措施。如何利用本地物种的多样性对外来入侵物种形成阻抗作用，从而占据生态，达到有效阻截是自然保护区林地管理者亟须解决的问题。

案例描述

飞机草（*Chromolaena odorata*）是一种低海拔广布的入侵植物，在我国广布于热带、南亚热带地区。云南省东南部、南部、西南部的森林破坏后的中山、低山、山麓、林间旷地飞机草分布广泛。哪里有森林破坏，有空旷地都能很快被飞机草占据，形成大面积的单优群落，并逐渐向其他生态系统如森林转移。中国环境科学研究院工作人员在保护区调查中，发现云南部分保护区内的橡胶林、稀疏的次生林林缘和林中都能看到飞机草的分布，一些原始林的林间小道两旁也能发现飞机草（图 6-2-1）。飞机草通过遮蔽作用和化感作用抑制本地物种的生长，占据本地物种栖息地，大大降低了入侵地区的生物多样性。飞机草通过道路两侧向林内扩散，占据林间空隙，影响林木的生长与更新，有的飞机草甚至可以高达 2 m 以上。

为了保护云南省森林生物多样性，阻止飞机草向林地的扩散，中国科学院西双版纳热带植物园研究团队在国家重点研发计划等项目资助下，结合植物多样性对外来入侵物种抵抗的影响研究成果，综合经济植物与飞机草的遗传距离，筛选出了适合云南省且可有效阻截飞机草的本地植物，分别在景洪的人工橡胶林林下、宁洱的次生林边缘、景东的撂荒地实施飞机草的防控阻截（图 6-2-2 和图 6-2-3），取得了良好的阻截效果。具体做法如下。

图 6-2-1　林缘分布的飞机草（赵彩云　摄）

图 6-2-2　景洪飞机草防控阻截示范区（郑玉龙　摄）

图 6-2-3　宁洱飞机草防控阻截示范区（郑玉龙　摄）

2017 年 4 月和 2018 年 4 月先采用人工割除方法将飞机草去除，种植筛选出的本地植物狗尾草（*Setaria viridis*）、皇竹草（*Pennisetum sinese*）、高丹草（*Sorghum bicolor*×*suclanense*）、宽叶雀稗（*Paspalum auriculatum*）、白花灰叶豆（*Tephrosia candida*）、魔芋（*Amorphophallus konjac*）等物种，形成由本地植物构建的植物群落。所有的示范区内第一年飞机草的盖度基本上都降到了 10% 以下，而对照区内飞机草的盖度都在 70% 以上。皇竹草、狗尾草、白花灰叶豆等物种的长期控制效果较好，能够遏制飞机草的进一步扩散。同时，示范区内土壤中的总氮及水解氮含量都高于对照区，说明示范区的建设还可以改善土壤的理化性质，提高土壤肥力，具有良好的生态效益。

案例亮点

（1）本案例中使用具有经济价值的植物可调动当地居民参与到入侵阻截工作中。本项目中选用魔芋、白花灰叶豆等具有经济价值的植物，可促使当地居民在管理橡胶林时使用，发动当地居民参与到入侵防控工作中。

（2）本案例采用主动防御的阻截技术。本项目采取主动防御的阻截技术，充分利用本地植物占据生态位，形成一道生态屏障，阻止飞机草向人工林、次生林等林内扩散，对本地生物多样性保护起到积极作用。

适用范围

本技术适用于形成飞机草群落的林缘且有阻截飞机草向林内扩散需求的地区，尤其是在具有生物多样性保护价值的自然保护区。

郑玉龙（作者单位：中国科学院西双版纳热带植物园）
赵彩云（作者单位：中国环境科学研究院）

案例 6-3

广西退耕山地紫茎泽兰的生态防控技术

21 世纪初，我国实施了退耕还林工程，对易造成水土流失的坡耕地有计划、有步骤地停止耕种，按照适地适树的原则，因地制宜的植树造林，恢复森林植被。然而，部分退耕山地土层薄、土壤贫瘠，种植的树种不仅成活率很低，即使成活也生长不良。退耕的山地由于缺乏管理，很快被外来入侵植物占据，改变了植被演替的方向，严重影响了森林植被的恢复和生物多样性保护。如何有效控制退耕山地外来入侵植物，遏制其快速扩张和蔓延，恢复本地植被，是退耕还林山地亟须解决的问题。

案例描述

紫茎泽兰（*Ageratina adenophora*）大约 20 世纪 40 年代由缅甸传入我国与其接壤的云南省境内，经过半个世纪的扩散，现已广泛分布在我国西南地区的云南、贵州、四川、重庆和广西等省份，发生面积已达 1 400 多万 hm^2。常入侵撂荒地、退耕还林地和疏林地等生境（图 6-3-1）。为了有效控制紫茎泽兰，成功实现退耕还林，广西植物研究所研究团队在国家重点研发计划的资助下，基于野外调查结果，开展了退耕还林山地紫茎泽兰的生态控制与本地植被恢复。具体如下。

针对不同地段植被类型和土层分布等特点，综合采取“以树选地或以地选树、见缝插针、适当密植”的技术措施，构建多树种的复层乔木群落，同时通过刈割（主要是紫茎泽兰）和改良生境等技术方法来改善替代控制目的树种的局部微环境，促进其生长。以马尾松（*Pinus massoniana*）幼林为例，首先，以面积较大的林隙为重点，定殖需光性较强的广西顶果木（*Acrocarpus fraxinifolius*）、香椿（*Toona sinensis*）和麻栎（*Quercus acutissima*）等阳性速生乔木树种替代控制紫茎泽兰。其次，在植株较为高大的马尾松植株冠下或树冠之间，定殖具有一定耐阴性能的降香黄檀（*Dalbergia odorifera*）、阴香（*Cinnamomum burmanni*）和铁冬青（*Ilex rotunda*）等常绿乔灌木树种进行替代控制，将马尾松幼林逐步改造成针阔混交林或常绿落叶阔叶混交林，以增加其群落高度和层次并提高其郁闭度等；灌丛和草丛则主要采取人工重建的方式，选择香椿、广西顶果木和麻栎等高大型的速生阳性乔木，同时配植阴香、降香黄檀和铁冬青等常绿乔灌木树种，构建常绿落叶阔叶混交林的基本框架，进行替代控制紫茎泽兰和修复入侵地植被。除定殖乔灌木树种外，在人工清除紫茎泽兰及植被较为稀疏的地段，播种或移栽大叶山蚂蟥（*Desmodium gangeticum*）、假地豆（*Desmodium heterocarpon*）、虎杖（*Reynoutria japonica*）等本地灌草植物种子或苗木，以增加灌草层本土植物种类数量和优势度等。并通过刈割周围的紫茎泽兰和改良生境等全面人工抚育，有效地改善本土植物的生长条件，促进本土植物群落的快速形成。经调查，目前乔木层的绝大多数人工造林替代控制目的树种生长良好。其中香椿、广西顶果木、铁冬青和马尾松等的株高平均生长量均在100cm以上，阴香、红椿和麻栎等也超过了60 cm，马尾松幼林的郁闭度从0.3增加到了0.7以上，灌草丛的乔木先锋群落框架也初步形成。紫茎泽兰的分枝密度、平均盖度、平均高度、重要值和单位面积生物量等分别平均下降57.45%、72.82%、58.79%、56.86%和87.43%，而马桑（*Coriaria nepalensis*）、火棘（*Pyracantha fortuneana*）和柳叶箬（*Isachne globose*）等本土灌草植物的盖度则由不足30%增加到85%以上，紫茎泽兰控制和生态修复效果显著（图6-3-2）。

图6-3-1　退耕坡地的紫茎泽兰（李象钦　摄）

图 6-3-2　治理 2 ～ 3 年后的本地植被（唐赛春　摄）

案例亮点

（1）因地适宜的控制与修复策略。本案例针对退耕还林过程中对外来入侵植物紫茎泽兰的治理，结合实地调查其种群特征、其所在植物群落的物种组成和群落结构，根据不同的群落特征制定合理的入侵植物控制和植被修复策略。

（2）分层构建的物种配置技术。构建或培育物种组成和冠层复杂的本土植物群落，特别是乔木群落（如常绿阔叶林、常绿落叶阔叶混交林和针阔混交林），是有效防控紫茎泽兰入侵并实现森林植被修复的关键技术之一。该方法技术对环境友好、安全，不仅可以长期有效地控制入侵植物，还可以修复入侵地的自然植被。

适用范围

西南退耕还林山地紫茎泽兰等入侵植物的治理与入侵地生态修复。该技术不仅能够长期持续有效地控制紫茎泽兰等入侵植物，还能有效阻止山坡地水土流失，恢复自然植被直至形成森林植被，对本地生态环境和生物多样性的可持续发展，具有重要作用。

唐赛春　吕仕洪　李象钦　潘玉梅　韦春强（作者单位：广西壮族自治区中国科学院广西植物研究所）

案例 6-4

云南省利用泽兰实蝇和生态修复综合防控紫茎泽兰[1]

外来物种在入侵地很快形成种群并造成危害的主要原因之一是由于入侵地缺乏天敌对其种群的控制。引进天敌控制外来入侵物种是国际上常用的生物防控手段之一。但在引进前，一方面，需要考虑引进的天敌是否为专一性天敌，是否会对其他本地物种造成危害，是否能够形成稳定的野外种群；另一方面，单一靠天敌防治仅仅能抑制外来入侵物种种群生发，很难达到完全根除或者控制的效果。如何将生物防控与其他防控方式结合起来达到良好的控制效果，也是外来入侵物种控制中面临的主要难题。

案例描述

本案例选择我国紫茎泽兰(*Ageratina adenophora*)发生最为严重的云南省，云南省大多数县、市都有紫茎泽兰的分布，在入侵地极易形成大面积的单优群落，其植株高度最高可达 2 m 以上，覆盖度高达 60% 以上，严重侵占本地植物的生境。在云南省，紫茎泽兰已入侵到自然保护区内，并在道路两旁形成优势群落（图 6-4-1），然后不断向林内扩散，侵占幼林地、疏林地、经济林等，导致土地质量下降，林木生长受到抑制，幼林抚育成本增加。

泽兰实蝇（*Procecidochares utilis*）是国际上公认并广泛利用的防治紫茎泽兰的天敌之一，主要是通过幼虫蛀入紫茎泽兰幼嫩茎枝端部，导致植株被害部位形成膨大虫瘿，从而阻止紫茎泽兰的生长繁殖。中国科学院昆明生态研究所研究团队致力于泽兰实蝇的生物防控工作，摸索出的网室地苗法是比较省时省力的繁殖方法，且认为室内繁殖的泽兰实蝇种群至第 10 代后就需要

1 https://cn.bing.com/images/search?view.

图 6-4-1　云南保护区内路旁 2m 多高的紫茎泽兰（赵彩云　摄）

考虑种群复壮，才能保证防控效果。室内试验成功后，研究团队于 1984 年就开始在云南省 5 000 km^2 范围内移引、释放泽兰实蝇，经逐步定殖、扩散，取得了一定的控制效果。泽兰实蝇寄生可以抑制紫茎泽兰植株高度 20% 左右，减少叶面积 15% ～ 20%，植株生物量的正常分配和生长被干扰，单株生物量下降约 30%，根系密度减少 40% 左右，冠根比增大约 17%。到 20 世纪 90 年代初期，云南全省已释放泽兰实蝇 4 869 个点，全省紫茎泽兰分布区均有泽兰实蝇分布，并自然扩散到四川省攀枝花地区。

本案例研究发现仅使用泽兰实蝇控制紫茎泽兰虽然成苗生长受到抑制，导

紫茎泽兰控制效果（https://cn.bing.com/images/search?view）

致其不能开花结果，但是很难灭除种群。20 世纪 90 年初期，云南省在生物防控后又结合人工或机械等方法控制紫茎泽兰，并在防治后结合云南松、思茅松、旱冬瓜等替代种植修复紫茎泽兰入侵生境，替代防控的面积多达 7 万 hm^2。

中国农业科学院、农业环境与可持续发展研究所等单位依据在云南等地的综合防控技术示范，制定云南省地方标准《紫茎泽兰综合治理技术规范》并发布，该技术推广后，可有效控制紫茎泽兰危害，效果可达到 85% 以上。

案例亮点

（1）专一性的天敌物种引进。本案例中使用生物防治技术，注重避免天敌引种后导致的潜在生态危害，选择对紫茎泽兰具有专一性的天敌昆虫泽兰实蝇。

（2）将室内天敌饲养与野外释放相结合。本案例将科学研究中的天敌饲养实验，通过室内天敌与野外天敌对紫茎泽兰防控效果的对比研究，明确 10 代以后室内饲养天敌就会退化，需要种群复壮，为天敌野外释放效果提供了保障。

（3）将生物防控与其他防控技术相结合。由于单一生物防控仅能达到种间平衡，不能达到完全控制紫茎泽兰的目标，本案例同时结合物理防控和替代防控，在防控区域选择云南本地植物种植达到防控紫茎泽兰的效果。筛选本地植物时，也以资源植物、经济植物为优先考虑物种，在达到防治效果的同时也可产生一定的经济效益。

（4）将防控技术转化为标准指导实际防控工作。本案例中及时总结防控成果的经验，形成紫茎泽兰综合防控技术导则，以地方标准的形式指导地方紫茎泽兰防控工作。

适用范围

国内外需要开展紫茎泽兰防控的区域。该技术将生物防控与其他技术相结合，最终运用替代控制，修复本地植被，有利于本地生态环境和生物多样性的保护。

赵彩云（作者单位：中国环境科学研究院）

案例 6-5

不同生态区协同治理豚草技术体系[1]

一些广布性的外来入侵物种在全球范围内扩散，不同国家之间应做好检验检疫工作，最大限度地预防外来入侵物种在国家之间扩散。同一个国家不同地区之间针对同一外来入侵物种也需要构建协同防控的合作战略，以防外来入侵物种从未控制区域再次扩散到控制区域。中国地理跨越几个气候带，即使防控同一物种，不同区域也面临各自区域生物多样性保护需求和区域生物特征不同的问题，如何依据不同区域的需求制定防控技术方案，并实现不同区域之间的共同应对，是在面对广泛分布外来入侵物种防控需要解决的问题。

案例描述

20 世纪 30 年代，豚草传入我国东南沿海地区，由于其脱离了原产地天敌等生物因子的制约，扩散蔓延尤为迅速，目前豚草已在我国华中、华东、华南、华北及东北 22 省（区、市）广泛分布。

针对不同区域的豚草入侵状况，中国农业科学院植物保护研究所的万方浩团队建立了豚草区域治理技术体系，即在华北及周边地区以替代植物拦截与生态修复技术为主；在华东、华南、华中豚草发生区以生物防治技术为主；在西南以植物替代控制与生物防治联合控制技术为主。

每年 5 月底前在华南、华中、华北等豚草重灾区，每亩分别释放广聚萤叶甲和豚草卷蛾各 80 头、200 头和 300 头控制豚草；7 月中下旬，天敌昆虫在释放区自然增殖 2 ～ 3 代后，采用远距离人工助迁的方法，可扩大控制区域 40 ～ 60 倍。据估算，豚草卷蛾可使豚草种子量降低 20% ～ 30%，广聚萤叶甲对豚草的控制效果达 95% 以上。

1 http://news.sciencenet.cn/sbhtmlnews/2018/9/339292.shtm?id=339292 ; http://www.sohu.com/a/321833645_668371.

万方浩团队已建立两种天敌昆虫广聚萤叶甲和豚草卷蛾“冬季保种—室内扩繁—大棚增殖”三步简易规模化生产技术流程，实现每个 240 m^2 的大棚年产 290 万头广聚萤叶甲和 190 万头豚草卷蛾的生产规模。经多年大面积推广应用，两种天敌昆虫在 22 个省（区、市）成功建立自然种群，并由中心释放区域逐年向周边扩散。豚草呈大面积“火烧状”死亡。

万方浩团队还首次建立入侵杂草生态屏障拦截和替代修复技术。经过 10 余年的研究，他们从 50 种植物中筛选出紫穗槐、小冠花、杂交象草等 10 余种具有经济或生态利用价值的替代植物及其组合，用于豚草发生扩散前沿的拦截与重灾区的替代修复，其替代控制效果均达 85% 以上。例如，在果园与林地、草场与林地、撂荒地、河滩、退化草地等建立了 10 个豚草重灾区的植物替代修复示范点，修复区域生物量降低 97.8%。

自 2004 年农业农村部开展“全国十省百县灭毒除害行动”以来，相关成果一直作为豚草治理的主推技术大面积推广应用。截至 2017 年年底，相关研究成果已在 22 个省（区、市）累计推广应用达 6 314 万亩次，总增收节支达 58.3 亿元，取得了巨大的生态、经济和社会效益（图 6-5-1 和图 6-5-2）。

图 6-5-1　湖南农田豚草的生态修复（周忠实　供）

图 6-5-2　广西农田豚草的生态修复（周忠实　供）

案例亮点

这是国内外首次从大区域整体考虑，着重研发遏制豚草危害与蔓延、防止生态位被入侵杂草占领的生物防治与生态修复技术。该技术已达到区域减灾与持续治理的效果，基本解决了重大入侵杂草生态位重叠发生、交错连片成灾的控制难题，有效遏制了其在我国的危害与扩散，取得了显著的经济、社会和生态效益。

适用范围

国内外需要治理豚草的区域。

周忠实（作者单位：中国农业科学院植物保护研究所）

案例 6-6

科尔沁草原运用替代技术持续防治刺萼龙葵

草原生态系统分布在干旱地区，与森林生态系统相比，动植物种类少，群落结构也不如森林生态系统复杂，种群和群落结构经常发生剧烈变化。草原生态系统受过度放牧、虫害等影响，比较脆弱，因此更易遭受外来杂草入侵。加强对草原生态系统的保护，必须解决在控制外来入侵物种的同时提高草原生态系统的稳定性，从而提升其对外来入侵物种的抵御能力。如何采用安全有效，且劳动力消耗低、成本低的方式控制外来入侵物种，同时要提高草原的物种多样性是目前草原生态系统控制入侵物种需要解决的问题。

案例描述

刺萼龙葵（*Solanum rostratum*）隶属茄属一年生草本植物，原产于墨西哥及美国西北部地区。常生长于过度放牧的牧场、荒地、果园等，生命力极强，且具有休眠机制，可抵抗不良环境。入侵所到之处导致蔬菜、果树及大田农作物的生长空间受到抑制，使各种作物严重减产，农民经济收入降低。同时刺萼龙葵是一些真菌类、细菌类、病毒类、马铃薯甲虫及线虫类的重要寄主。这些病虫害随着刺萼龙葵的扩散而传播，破坏入侵地的物种多样性，威胁着整个生态系统的可持续发展。自 2009 年以来，刺萼龙葵在我国北方农牧交错带快速蔓延，在辽宁、吉林、内蒙古、河北等省（区）的 112 个县（市、旗）发生危害，严重为害面积已达 32 万 hm2，对当地农牧业生产和生态安全构成严重威胁（图 6-6-1）。

在国家公益性行业科研项目的支持下，由中国农业科学院农业环境与可持续发展研究所退化环境生态修复创新团队牵头，以植保所农田杂草监测控制团队以及环保所农业生物多样性利用创新团队科研骨干为核心，联合中国农业大学等 20 多家科研、教学、推广部门的技术力量，开展针对刺萼龙葵综合防控技术协作攻关，以控制刺萼龙葵的生长，修复被入侵地的生境为目的，研发出了替代防控技术。具体程序如下。

图 6-6-1 吉林白城科尔沁草原刺萼龙葵入侵状况（治理前）（宋振 摄）

“刺萼龙葵替代控制技术研究”基于选用本地物种、资源生态位较高、具有较强的竞争能力、生物量大、基本不受外来杂草的化感作用影响以及可观赏性、经济性、管理粗放等原则筛选了 13 种供试植物，主要包括紫花苜蓿（*Medicago sativa*）、苇状羊茅（*Festuca arundinacea*）、沙打旺（*Astragalus adsurgens*）、冰草（*Agropyron cristatum*）、紫羊茅（*Festuca rubra*）、羊草（*Aneurolepidium Chinese*）、披碱草（*Clinelymus dahuricus*）、黑麦草（*Lolium perenne*）等，并筛选不同的物种进行组合配置。配置物种组合可发挥占据空间生态位优势和抑制刺萼龙葵的生长和再度入侵的作用，其多年生特性保证了一次建植能够多年持续抑制刺萼龙葵生长。

刺萼龙葵出苗前，对入侵地块进行翻耕处理，并撒施复合肥 50 kg/ 亩作为底肥，随后撒播经筛选配置好的植物种子，具体播种方式按照筛选植物常规种植方式，如紫花苜蓿按照行距为 30 ～ 40 cm，条播，播种量为 22.5 ～ 30 kg/hm^2，黑麦草行距为 20 cm，条播，播种量为 22.5 ～ 30 kg/hm^2，覆土为 1 ～ 2 cm。本案例中探索了黑麦草和披碱草组合，紫羊茅 + 冰草 + 羊草沙组合，沙打旺 + 苇状羊茅 + 羊草组合等不同物种组合（图 6-6-2）。替代试验结果表明：按照上述大田试验方法至第 2 年，替代控制试验处理刺萼龙葵发生率在 1% 以下，很难再观察到刺萼龙葵植株，而对照样地的刺萼龙葵植株，株高均达 30 cm 以上。替代试验完全达到了有效控制外来有害植物入侵的目标，可恢复当地草原生态系统，也能够保证一定的经济效益。

图 6-6-2　冬牧 70 黑麦草 + 披碱草组合控制效果（左）
紫羊茅 + 冰草 + 羊草沙组合控制效果（右）（宋振 摄）

第 1 年调查，示范区刺萼龙葵土壤种子库数量与对照比下降 22.02%，刺萼龙葵种群密度降低 83.23%；次年调查，示范区刺萼龙葵土壤种子库量平均为 363.6 粒 /m^2，对照为 14 759 粒 /m^2，下降 97.54%，种群密度为 9.9 株 /m^2，对照为 118 株 /m^2，降低 91.61%；第 3 年调查，示范区刺萼龙葵土壤种子库量 100.5 粒 /m^2，对照为 11 133 粒 /m^2，下降 99.10%，种群密度为 4.1 株 /m^2，对照为 93 株 /m^2，种群密度降低 95.59%；第 4 年调查，示范区平均牧草鲜产量为 719 kg，对照为 44.6 kg，干重为 307 kg，对照为 21.4 kg，平均每亩挽回牧草产量损失为 285.6 kg，直接经济效益约 427.5 元 / 亩。

案例亮点

（1）采用多年生草本植物，可实现长期控制。本案例筛选出适合退化草场的多年生草本植物用于替代控制，可以减少人力种植成本，达到持续控制的效果。

（2）生态安全性高。本案例采用替代控制，相比化学控制对生态环境更加友好，而且替代植物种植更有利于恢复草场生境，提升草场的入侵抵抗力。

（3）可提升草原生态系统对入侵的抵御能力。本案例通过不同配置的多年生草本植物种植，可以有助于增加草原生态系统多样性，改变由刺萼龙葵入侵造成单一群落局面。

适用范围

该案例适用于刺萼龙葵发生区域或潜在发生区域内农业、林业、环保等部门对刺萼龙葵进行的综合防治。

张国良　宋振（作者单位：中国农业科学院农业环境与可持续发展研究所）

案例 6-7

河北省运用可持续防控技术治理黄顶菊[1]

外来入侵物种通常具有比较宽泛的生态位，可适应不同的生境，可入侵到农田、草原、森林生态系统等不同生态系统类型。由于不同生态系统的保护对象不同，保护要求不同，采取的防控措施也需要调整。因此在防控外来入侵物种的过程中依据生态系统类型制定防控方案，尽量覆盖入侵全过程的防控技术体系非常重要。

案例描述

黄顶菊（*Flaveria bidentis*）是一年生草本植物，株高 20 ～ 100 cm，植株最高可达 3 m 左右（图 6-7-1）。原产于南美洲巴西、阿根廷等国，大约于 20 世纪 90 年代传入我国，2001 年以后在河北省和天津市大面积发生和危害。2006 年，河北省通过普查发现，黄顶菊分布面积已达 20 000 hm^2 以上，在河北省的 56 个县、市及天津市郊区均有发生、分布。根据黄顶菊原产地及其传播入侵区域的生态环境条件分析，预计除华北地区外，华中、华东、华南及沿海地区都可能成为黄顶菊入侵的区域。黄顶菊根系发达、抗逆性强、繁殖速度惊人，凡是有黄顶菊生长的地方其他植物都难以生存，因此有“生态杀手”之称。黄顶菊的种子萌发时间不一致，一次防治难以控制。它的危害已对本地其他植物群落的生存和农业经济发展构成了严重威胁。

为了解决这一难题，河北农业大学生命学院和河北省植保植检站共同承担了河北省科技支撑计划——“河北省外来入侵植物黄顶菊综合防控技术研究”项目，并组织 6 个区市植保站的科技人员进行黄顶菊综合防控技术研究。具体如下。

1　2006—2010 年度农业部财政专项“外来入侵生物防治”（项目编号：2130108）；2008 年度公益性行业（农业）科研专项《新外来入侵植物黄顶菊防控技术研究》（项目编号：200803022）。

图 6-7-1　黄顶菊（刘全儒　摄）

（1）制定了黄顶菊监测技术规程，确定了玉米田黄顶菊防除阈值为 3.5 株 $/m^2$，棉田黄顶菊防治指标为 1 株 $/m^2$。

（2）明确黄顶菊种子萌发、光敏、休眠特性和种群消长动态规律，确定了黄顶菊幼苗 3 ～ 5 叶为防治关键期。

（3）开发集成了黄顶菊种子图像采集、处理和识别系统和黄顶菊种子的分子检测系统，鉴别正确率达到 100%，提高工效 8 ～ 10 倍。

（4）构建了以化学除草剂为主体的耕地防控技术。以麦秸、薄膜、竞争性植物为辅助措施的黄顶菊应急控制技术 9 套，减少用药次数 1 ～ 2 次 / 年，节省农药用量 40% 以上，每亩节省防治成本 35 ～ 80 元，防治效果达到 90% 以上。

（5）构建非耕地以植被修复为主的替代防控技术。筛选出了向日葵（*Helianthus annuus*）和苜蓿（*Medicago sativa*）、向日葵和高羊茅（*Festuca elata*）、向日葵和黑麦草（*Lolium perenne*）以及紫穗槐（*Amorpha fruticose*）、一年生黑麦草（*Lolium perenne*）和苜蓿等几种具有良好生态控制效果的植物及植物组合，控制黄顶菊蔓延危害构建非耕地的替代控制技术。集成生态修复技术体系，黄顶菊抑制率达到 80% 以上，综合防治效果达到 90% 以上。

该技术于 2009—2010 年在河北省、北京市等 6 省市 337 个县（市）进行了示范和推广应用，监测面积 1 544.87 万亩次，综合防治面积 33.43 万亩次，平均新增产值 63.97 元 / 亩，新增总产值 57 546.4 万元，平均节本增效 60 元 / 亩，总节本增效 94 698 万元，累计增收节支总额 152 244.6 万元。

案例亮点

（1）形成基于防控全链条的技术体系。该案例防控技术是集成了检验检疫、监测预警、应急防控、生态调控和资源化利用等相协调的黄顶菊综合防控技术体系。

（2）提高了监测能力。该案例应用分子技术和图像识别技术，提高了鉴定效率和鉴定的准确度。

（3）首次提出了耕地及非耕地两种生境下黄顶菊的环保型化学防除技术，构建了以化学除草剂为主体，以麦秸、薄膜、竞争性植物为辅助措施的黄顶菊应急控制技术体系。

适用范围

国内外的黄顶菊适生区。

郭朝丹　赵彩云（中国环境科学研究院）

参考文献

[1] Yulu Xia, Jinghao Huang, Fan Jiang, et al. The Efficacies of Fruit Bagging and Culling for Risk Mitigation of Fruit Flies of Citrus in China: A Preliminary Report [J]. Florida Entomologist, 2019, 101(1): 79-84.

[2] 孙佩珊，姜帆，张祥林，等 . 地中海实蝇入侵中国的风险评估 [J]. 植物保护学报，2017，44（3）：436-444.

[3] 王聪，国新玥，张燕平，等 . 国内外进境邮寄物检疫风险管理比较研究 [J]. 植物检疫，2019，33（6）：45-48.

[4] 陈刚，王传耀，刘琳 . 福建机械法治理凤眼莲的思考 [J]. 龙岩学院学报，2007（3）：78-81，84.

[5] 陈潇，潘文斌，王牧 . 福建闽江水口水库凤眼莲空间分布特征及其动态 [J]. 湖泊科学，2012，24（3）：391-399.

[6] 魏周秀，李树森，刘晓刚 . 临泽县苹果蠹蛾疫情防控取得的成效与经验 [J]. 甘肃农业，2011（2）：22-26.

[7] 刘春悦，张树清，江红星，等 . 江苏盐城滨海湿地景观格局时空动态研究 [J]. 国土资源遥感，2009（03）：901-908.

[8] 饶长荣 . 罗田县防控稻水象甲的做法 [J]. 湖北植保，2018（3）：37-38.

[9] 黄光环 . 福建省上杭县红火蚁疫情发现与根除防控工作 [J]. 植物检疫，2015，29(3)：90-92.

[10] 关广清，韩亚光，尹睿，等 . 经济植物替代控制豚草的研究 [J]. 沈阳农业大学学报，1995（3）：277-283.

[11] 周早弘，戴凤凤 . 运用植物替代控制豚草的蔓延和传播 [J]. 江西植保，2003（2）：68-70.

[12] 朱文达，何燕红，李林 . 大豆竞争替代紫茎泽兰的种植模式研究 [J]. 中国油料作物学报，2015，37（2）：214-219.

[13] 朱文达，杨新笋，胡洪涛，等 . 甘薯替代控制紫茎泽兰的研究 [J]. 湖北农业科学，2015，54（14）：3448-3450，3453.

[14] 卢向阳，王秋霞，刘冰，等 . 紫穗槐替代控制对撂荒山地紫茎泽兰的影响 [J]. 西

南农业学报，2013，26（5）：1893-1898.
[15] 李林，曹坳程，喻大昭，等.油菜对紫茎泽兰的替代控制效果[J].中国油料作物学报，2016，38（4）：513-517.
[16] 陈红松，郭建英，万方浩，等.永州广聚萤叶甲和豚草卷蛾的种群动态及对豚草的控制效果[J].生物安全学报，2018，27（4）：260-265.
[17] 陈红松，郭薇，李敏，等.广聚萤叶甲和豚草卷蛾联合控制外来入侵豚草的田间试验[J].中国生物防治学报，2013，29（3）：362-369.
[18] 周忠实，陈红松，郑兴汶，等.广聚萤叶甲和豚草卷蛾对广西来宾豚草的联合控制作用[J].生物安全学报，2011，20（4）：267-269.
[19] 周忠实，陈红松，郭建英，等.豚草生物防治技术在湖南汨罗的应用及其控制效果[J].生物安全安学报，2011，20（3）：186-191.
[20] 宋雪，蒋露，郭强，等.应用田野菟丝子防治薇甘菊对其他植物的影响[J].广西师范大学学报（自然科学版），2018，36（4）：139-150.
[21] 昝启杰，王伯荪，王勇军，等.田野菟丝子控制薇甘菊的生态评价[J].中山大学学报（自然科学版），2002（6）：60-63.
[22] 宋振，张瑞海，张国良，等.空心莲子草叶甲释放量对空心莲子草防控效果的研究[J].生态环境学报，2018，27（11）：2033-2038.
[23] 郑庆伟.空心莲子草生物防治技术入选农业农村部2019年农业主推技术[J].农药市场信息，2019（13）：11.
[24] 昝启杰，王伯荪，王勇军，等.田野菟丝子控制薇甘菊的生态评价[J].中山大学学报（自然科学版），2002（6）：60-63.
[25] 陈志石，吴竞仑，李贵.水葫芦象甲对水葫芦的生物防治效应[J].杂草科学，2007（3）：27-29.
[26] 张兴旺.严防加拿大一枝黄花的传播[J].致富天地，2005（3）：30-30.
[27] 吴降星，陈宇博，金彬，等.宁波市加拿大一枝黄花综合防治及利用[J].植物检疫，2015，29（2）：78-81.
[28] 张少逸，魏守辉，李香菊，等.21种茎叶处理除草剂对刺萼龙葵的生物活性研究[J].江西农业大学学报，2011，33（6）：1077-1081，1106.
[29] 李美.山东省麦田杂草危害及防除用药情况（小麦田杂草综合治理技术规程）[J].山东农药信息，2012（11）：36-37.
[30] 房锋，高兴祥，魏守辉，等.麦田恶性杂草节节麦在中国的发生发展[J].草业学报，

2015，24（2）：194-201.
[31] 魏艺，张智英，何大愚 . 泽兰石蝇人工繁殖技术 [J]. 生物防治通报，1989，5（1）：41-42.
[32] 王文琪 . 紫茎泽兰的防除及利用研究 [J]. 湖北农业科学，2013，52（4）：754-757.
[33] 唐秀丽，谭万忠，付卫东，等 . 外来入侵杂草黄顶菊的发生特性与综合控制技术 [J]. 湖南农业大学学报（自然科学版），2010，36（6）：694-699.
[34] 刘颖超 . 综合防控黄顶菊研究取得重大进展 [J]. 农药市场信息，2009（10）：43.